AF602850

PETIT
MANUEL PRATIQUE
D'AGRICULTURE,

Mis à la portée des Élèves des Écoles Primaires des Communes de la Plaine du Canton de Sainte-Hermine, Arrondissement de Fontenay (Vendée),

OU

INSTRUCTIONS
D'UN FERMIER

PRATIQUANT LES PROCÉDÉS DE LA CULTURE PERFECTIONNÉE

A SES ENFANTS.

Ouvrage mentionné honorablement par la Société Royale et Centrale d'Agriculture, dans sa Séance Publique du dimanche, 22 Avril 1838, présidée par M. MARTIN (du Nord), Ministre des Travaux Publics, de l'Agriculture et du Commerce;

PAR P. TILLIER, PROPRIÉTAIRE-CULTIVATEUR, PRÉSIDENT DU COMICE AGRICOLE DE SAINTE-HERMINE.

Fontenay, Imp. de PETITOT, Libraire.

PRÉAMBULE.

Oui, mes chers enfants, je vais satisfaire à vos questions empressées. Aussi bien est-il temps que vous sachiez pourquoi les produits de notre ferme sont autres que ceux de nos voisins, et pourquoi j'ai laissé leur manière de cultiver pour en adopter une bien différente. Ecoutez-moi bien!

Vous savez que j'ai été militaire; que j'ai versé mon sang pour la Patrie dans les dernières campagnes de notre glorieuse révolution. Les champs de la Flandre et de la Belgique m'ont vu fouler aux pieds, à grand regret, les superbes moissons qui les couvraient. C'est donc au milieu des désastres de la guerre que j'ai admiré les magnifiques produits de la culture la mieux entendue de l'Europe, et que j'ai conçu la pensée d'appliquer à nos terres le système suivi, depuis longues années, par les habiles agriculteurs de ces deux pays.

De retour au sein de ma famille, j'eus, en 1820, le malheur de perdre mon père, et je me trouvai alors à la tête de notre exploitation qui, à cette époque, était exactement régie et cultivée comme toutes celles de la contrée. Il y avait beaucoup à faire pour amener nos terres à un état de propreté et de fertilité satisfaisant, avant de les soumettre à l'assolement adopté en Flandre et en Belgique. Je ne me décourageai pas. Je mis sans retard la main à l'œuvre. Mon premier soin fut d'étudier le sol sur lequel j'allais opérer. Je le reconnus généralement calcaire, c'est à-dire contenant plus ou moins de chaux mêlée à plus ou moins d'argile, que l'on désigne ici sous le nom de *Matuaud*. Toute la Plaine, entre Luçon et Fontenay, et celle entre cette dernière ville et Niort sont, à quelques différences près, de cette même nature.

Pour rendre votre instruction plus complète, je voudrais pouvoir vous parler de la culture qui convient aux différentes parties de notre département, dont le sol n'a aucune analogie avec le nôtre; mais je manque des connaissances nécessaires pour cela. Je me bornerai donc à vous entretenir de celle de notre localité, dont je possède les secrets par l'expérience autant que par la théorie. Je vous avoue cependant que si je ne m'étais appuyé sur mes souvenirs de voyage et sur les enseignements du savant agronome de Roville, M. de Dombasle, mes premiers essais n'eussent été qu'un long tâtonnement. La lecture des bons livres d'agriculture est pour les hommes de notre profession le délassement le plus agréable et le plus utile. Je vous engage, mes chers enfants, à y employer tous vos loisirs.

Je vous dirai donc sommairement que notre département se compose de trois parties bien distinctes : *le Marais*, *la Plaine* et *le Bocage*.

Le Marais, dont le sol est essentiellement argileux et humide, demande pour être cultivé d'autres bestiaux et d'autres instruments que ceux dont nous nous servons ici.

Du côté opposé au Marais, au nord et à une petite distance de Sainte-Hermine, commence le Bocage. Cette contrée, la plus vaste du département, produit en abondance du bois, des genêts et des bruyères. Son sol est ou schisteux ou graniteux, et exige des engrais chauds que les Cultivateurs vont chercher fort loin et à grands frais. Vous les voyez passer tous les jours, pendant l'été, se rendant dans le Marais pour y prendre des cendres. Les terres calcaires de la Plaine sont aussi très-propres à réchauffer les leurs, et leur font produire du froment très beau et d'excellente qualité.

Je vous ai déjà dit que votre grand père m'avait laissé son exploitation dans l'état où sont toutes celles des autres fermiers du pays, c'est-à-dire cultivée d'après des principes tellement vieux qu'ils se perdent dans la nuit des temps. Je veux vous les faire connaître, ces principes, ne fût-ce que pour vous mettre à même de les comparer à ceux qui me servent de règle et dont je me trouve si bien.

État actuel de la culture du Pays.

Il y a mille ans, peut-être beaucoup plus, les terres de chaque commune de nos plaines furent partagées en 4 soles, appelées ici guérètes, qui formèrent un assolement de 4 ans occupé ainsi qu'il suit :

1.re Année. . . . Froment.
2.me — . . . Orge d'Automne ou Méture.
3.me — . . . Orge de Mars ou Baillarge.
4.me — . . . Jachère ou Guéret franc.

Une telle division du sol prouve clairement que les Laboureurs de cette époque ne songaient qu'à leur propre nourriture et nullement à celle de leurs bestiaux. Il existe encore aujourd'hui des Cultivateurs qui ne font cas que du blé et ne recherchent ni n'estiment aucun autre produit. Vous voyez, mes enfants, par les résultats que me donne ma culture variée, combien est grande leur erreur.

Un système d'assolement si simple et si uniforme convint parfaitement aux hommes de cette époque, qui manquaient tout-à-fait d'instruction, et chez lesquels l'intelligence était bornée ; aussi obtint-il leur approbation. Ils le considérèrent même, dit-on, comme un bienfait, parce qu'il régla les époques des travaux qui, étant auparavant abandonnés au caprice ou à la volonté de chaque individu, s'exécutaient presque toujours à contre-temps et sans principes, portaient le trouble dans l'ensemble de la culture et ne produisaient que d'insignifiantes récoltes. Il s'est perpetué jusqu'à nos jours et ne manque encore pas de partisans; mais leur nombre diminue à mesure que les lumières se répandent. Grâce à la paternelle sollicitude du Gouvernement et à la protection qu'il accorde à l'agriculture, notre classe et celle même qui est au-dessous de nous, sortira bientôt de cette ignorance honteuse qui enfante et nourrit les préjugés. Elle pourra alors non seulement lire et comprendre les livres faits pour l'éclairer et l'instruire, mais même écrire et faire ses propres affaires sans le secours d'autrui. Félicitez-vous donc, mes chers enfants, d'être nés à une époque de progrès et d'améliorations auxquels vous êtes appelés vous-mêmes à prendre part.

Il n'est pas étonnant que des exploitations où il n'y a de place que pour les céréales (*le blé*), manquent de bestiaux, et par conséquent d'engrais; que l'élève et l'entretien des animaux utiles y soient insignifiants, et que les troupeaux de moutons y vivent, presque toute l'année, dans un état de privations continuelles. La sole de jachère devant seule les nourrir, pendant six mois, ce n'est qu'après l'enlèvement des récoltes que ces malheureuses bêtes commencent à pouvoir suffisamment satisfaire leur appétit et parviennent à prendre assez de graisse pour être livrées à la boucherie.

Dès qu'un principe est faux, les conséquences qui en découlent sont fausses. Ainsi, la terre étant uniquement destinée à la production des céréales, il y a nécessité qu'elle se repose par la jachère, au plus tard tous les 4 ans. Les exploitations ne peuvent alors être peuplées que de bestiaux chetifs et trop peu nombreux, et le fumier, cette âme de la culture, y est insuffisant. Qu'arrive-t-il alors? Les récoltes trompent l'espoir du Laboureur, et il vit dans la gêne en attendant sa ruine complète.

Le morcellement des terres dans toutes les communes de la Plaine, et l'usage de la vaine pâture viennent encore aggraver les maux résultant de ce vicieux assolement. Nul n'est maître de disposer de sa terre comme il l'entend, à moins qu'il ne l'ait renfermée de haies ou de fossés. C'est ce que j'ai fait après avoir effectué avec mes voisins des échanges également avantageux pour eux comme pour moi. Actuellement je ne suis lié par aucune obligation envers qui que ce soit, et je règle ma rotation de culture de la manière la plus appropriée à la qualité et à l'état de mon terrain.

Les bons instruments aratoires, tels que ceux de Roville, qui donnent aux terres une excellente préparation, économisent le temps et coupent parfaitement toutes les racines des plantes naturelles, sont d'une nécessité indispensable dans une exploitation bien dirigée. Ce sont, vous le savez, ceux dont je me sers. Tous mes voisins reconnaissent leur supériorité sur ceux employés dans le pays, qui remuent mal la terre et ne font que déchirer les racines des plantes pivotantes. Aussi ont ils obtenu, à chaque concours de notre Comice, dont j'ai l'honneur d'être Membre, des prix flatteurs et mérités. J'espère que vous n'en emploierez pas d'autres à moins qu'il ne s'en invente de meilleurs.

Vous apercevez maintenant, mes chers amis, les causes principales de l'état stationnaire de l'agriculture de notre contrée. Nos plus gros Fermiers qui, comme moi, font partie du Comice, s'en affligent de plus en plus, et font tous leurs efforts pour sortir de l'ornière où ils sont enfoncés. Le temps n'est pas éloigné, j'espère, où la culture routinière sera entièrement abandonnée par eux et remplacée par celle que je fais. Leur exemple achèvera d'entraîner les petits Cultivateurs qui les prennent pour modèle, et Dieu en soit loué! Nous verrons l'aisance pénétrer au milieu d'une population qui, jusqu'à ce jour, n'a connu que le malaise, faute des connaissances auxquelles les pays bien cultivés doivent leur richesse et leur bonheur.

Je viens de vous signaler les défauts et les inconvénients des procédés anciens. Cette tâche était aisée, car la critique est toujours facile. J'ai maintenant à vous prouver que le systême par lequel on travaille à les remplacer, remplit toutes les conditions d'améliorations désirables, et que ces améliorations sont sanctionnées par une pratique suffisamment suivie. Ce n'est point de suppositions que je veux vous entretenir, mais de faits confirmés par 15 années d'expérience. Prêtez-moi donc votre attention, et suivez-moi avec confiance dans la route que nous allons parcourir ensemble.

PREMIÈRE PARTIE.

De la culture du sol et de la multiplication des végétaux.

Pour ne rien abandonner au hasard et mettre de son côté le plus de chances possibles, un Cultivateur prudent et sage doit 1.° étudier avec soin et dans les plus grands détails la nature de son terrain. A défaut de connaissances positives à cet égard, il commettrait des fautes nombreuses très-préjudiciables à ses intérêts. 2.° Ne faire usage que des meilleurs instruments connus. Je vous parlerai bientôt de ceux que j'emploie.

Je vous ai déjà dit que, généralement parlant, le sol de nos plaines est calcaire, c'est-à-dire que la chaux en fait la base.

Le principe calcaire se combinant tantôt avec de l'argile (*du Matuaud*), tantôt avec de la silice (*du Sable*), tantôt avec d'autres substances minérales dont je ne puis vous donner les noms scientifiques, mais dont un peu d'habitude vous fera reconnaître la présence, il en résulte une variété infinie de terrains qui veulent être traités diversement, et auxquels on ne peut confier indifféremment toute espèce de plantes.

Ainsi, par exemple, les sols argilo-siliceux appelés ici grosses terres, terres froides ou terres douces, sont propres non seulement aux céréales, telles que Froment, Orge d'automne, Seigle et Avoine; mais encore aux légumes et aux plantes fourragères et oléagineuses. La Luzerne, le Trèfle rouge, le Farouch, le Maïs, la Pomme de Terre, la Disette, les Vesces et le Colza y viennent parfaitement bien,

Les sols argilo-calcaires (j'entends parler de ceux où l'argile entre en forte proportion) ne conviennent, à raison de leur faculté de retenir l'eau, ni à la Luzerne, ni au Colza.

Il serait de même inutile d'exiger des terres éminemment calcaires, de la Luzerne, du Trèfle de Hollande, du Colza, ni aucune espèce de légumes. Le Sainfoin, la Lupuline, les Vesces, les Orges d'automne et de printems; enfin, toutes les plantes qui ne redoutent pas les sols chauds, pierreux et peu profonds, peuvent seuls s'y cultiver avec succès.

Il est donc de la plus haute importance, pour ne pas commettre d'erreurs funestes, d'étudier avec soin la nature des divers terrains que l'on doit exploiter. Ces connaissances seraient imparfaites si l'on négligeait de reconnaître la profondeur des couches de terre végétale ainsi que l'espèce du sous-sol qui influe si puissamment sur la réussite des cultures.

Vous sentez, mes chers enfants, que ces connaissances sont la base de l'industrie agricole, et qu'un Cultivateur qui les négligerait agirait nécessairement comme un aveugle. Une fois acquises, il est facile de choisir parmi les plantes qui conviennent à chaque espèce de sol, et de donner à la terre les préparations nécessaires pour assurer leur réussite. Ceci me conduit à vous faire l'énumération des instruments aratoires indispensables dans une exploitation de quelque étendue. Je vous parlerai de ceux que j'emploie moi-même, que vous voyez fonctionner journellement, et que j'ai toute raison de considérer comme les meilleurs qui existent encore. Je les dois à l'habile Directeur de la Ferme-Modèle de Roville. Les exigences de mon sol m'ont obligé de leur faire subir quelques légers changements. Il est facile de les faire confectionner dans le canton, car nous ne manquons pas de maréchaux adroits et intelligents. La seule commune de Beugné, voisine de la nôtre, en possède deux qui se disputent la prééminence et qui les exécutent avec une rare perfection.

Ces instruments sont:

1.° L'Araire de Roville, à versoir en fer, plus convenablement contourné pour nos terres que celui en fonte. Simple, peu coûteux, facile à construire et à réparer, cet instrument fonctionne également bien dans tous les sols; est énergique; place bien la bande de terre; nettoie parfaitement la raie, et exige une force de traction moindre que toute autre charrue à soc tranchant.

2.° La Herse de Roville. Deux chevaux de force moyenne la conduisent facilement. Son action est celle des meilleures Herses à dents de fer. On l'emploie à ameublir les guérets, à herser les blés et à recouvrir toutes les semences quelconques. Ses dents légèrement recourbées la rendent plus ou moins énergique, selon qu'on la fait traîner en avant ou à rebours. C'est de cette dernière manière qu'on s'en sert pour enterrer les graines fines qui veulent être peu recouvertes. Elle est d'une construction simple, peu susceptible de se dégrader et d'un prix peu élevé.

3.° La Houe a cheval. Qui oserait cultiver des plantes en ligne, sur une grande échelle, sans posséder un tel instrument? Conduit par un seul animal de la plus petite taille, il fait dans un jour le travail de trente hommes. Le Colza, le Maïs, les Disettes, les Pommes de terre, les Haricots etc., qui demandent de fréquents binages, seraient mal entretenus à défaut de cet ingénieux instrument qui, réunissant à la plus grande simplicité la légè-[illegible] le bon marché, a encore l'avantage de rapprocher [illegible] d'écarter ses branches à volonté et selon [illegible]es lignes des plantes. Je lui ai fait subir plusieurs modifications qui en rendent l'usage on ne peut plus commode et plus parfait.

4.° L'Extirpateur. Cet instrument comporte un avant-train. Il est armé de 5 pieds de fer, plats et de forme triangulaire. Il remplace la charrue dans les seconds et troisièmes labours, et dans tous les cas où il y a à détruire des herbes nouvellement nées. Il recouvre parfaitement les semences, dispense au printems de relabourer les terres dont la superficie est ameublie par les gelées, et fait l'ouvrage de cinq charrues, traîné seulement par 4 bêtes et conduit par un homme et un enfant. Employé avec discernement, il rend des services inappréciables. Mes plus belles orges de Mars sont toujours celles recouvertes avec l'extirpateur. J'en donnerai plus tard la raison. Le seul reproche qu'on puisse lui faire, c'est d'être d'un prix un peu élevé; mais sa durée compense ce défaut. Les petites exploitations pourraient d'ailleurs se contenter d'un extirpateur à trois pieds, moins lourd et moins coûteux, que deux chevaux conduiraient facilement.

5.° Le Rouleau. Les terres compactes, susceptibles de se durcir promptement, présentent souvent à leur surface de fortes mottes qui résistent à l'action de la Herse. Le rouleau devient alors indispensable. Je l'emploie fréquemment et toujours à ma satisfaction. Il est de la plus grande utilité pour tasser les terres sur lesquelles on a répandu des graines fines, telles que Luzerne, Trèfles, etc. En brisant les mottes, ces graines se trouvent suffisamment recouvertes, et la pression qu'elles ont éprouvée préserve leur germe des inconvénients de la sécheresse. Il assure donc la réussite des prairies artificielles tout en applanissant la superficie du sol où la faux peut ensuite passer aussi aisément que dans une prairie naturelle.

6.° Le Rayonneur. Rien de plus simple que ce

instrument qui ne coûte, pour ainsi dire, que le temps de le construire. On l'emploie à tracer les lignes dans lesquelles on veut faire des semis ou repiquer des plantes qui doivent être entretenues à la houe. Les pieds, au nombre de 4 au moins, qui tracent ces lignes, sont à 20 pouces les uns des autres. Plus rapprochés, ils rendent la marche du cheval plus difficile et l'animal ne peut alors se dispenser de porter les pieds sur les plantes placées dans les lignes.

7.° Le Scarificateur. On pourrait à la rigueur se passer de cet instrument. Cependant dans toutes les circonstances où l'on est dans l'obligation de labourer une terre trop durcie par la sécheresse, pour que la charrue puisse y fonctionner, on s'en sert avec succès. On le passe et repasse autant de fois qu'il est nécessaire pour que la terre soit découpée à la profondeur du labourage ordinaire. Je me sers d'un Scarificateur à coutres tranchants et verticaux. Il remplit mieux mon but que tout autre en ce qu'il a l'avantage d'arracher les chaumes et de les déposer en lignes sans qu'on soit obligé d'arrêter.

8.° Le Double-Versoir. Toutes les plantes qui exigent un buttage réclament le Double-Versoir. Cet instrument, construit sur les principes de l'Araire, n'en diffère que par la forme du soc. Les Versoirs, placés à droite et à gauche de l'âge, sont en bois et s'ouvrent ou se resserrent à volonté. Celui de Roville est d'une grande perfection, mais un peu trop matériel.

9.° Le Semoir Hugues. Voici un instrument tout nouveau que je ne possède pas encore, mais que je connais parfaitement pour l'avoir vu fonctionner chez le Patriarche de notre Comice, le Vénérable M. Gauly, de Féole. Selon toutes les apparences, je ne tarderai pas à me le procurer, car il y a économie à augmenter son mobilier d'instruments qui facilitent la culture et perfectionnent le travail.

Ce Semoir, déjà adopté dans plusieurs grandes exploitations de la France et de l'Etranger, semble destiné à opérer une révolution favorable dans notre Agriculture. Il est accompagné d'un Sarcloir propre à nettoyer les plantes après leur naissance.

Voici les principaux avantages de cet instrument:

1.° Il est assez léger pour qu'un seul cheval le conduise.

2.° Il sème les graines de toutes dimensions, depuis la Fève jusqu'au Millet.

3.° Il dépose les semences à la profondeur désirée.

4.° Il économise près de la moitié de la semence des céréales, sans qu'il y ait diminution dans le rendement en grains ni en paille.

5.° Au moyen de tubes qui partent d'une trémie contenant de l'engrais en poudre, il dépose cet engrais dans les rayons tracés par les coutres, en même temps que la semence y arrive.

6.° Les plantes naissant en lignes exactement parallèles; leur nettoiement est beaucoup plus prompt et plus facile que celui des plantes non alignées. M. Hugues a aussi inventé un Sarcloir qui accélère l'opération essentielle du Sarclage.

7.° Si l'on veut suspendre l'ensemencement par un motif quelconque, le Laboureur n'a besoin que de presser un bouton, et il ne tombe plus un seul grain sur la terre.

8.° Dans un sol bien préparé et bien ameubli, un homme et un seul cheval suffisent pour ensemencer deux hectares (12 à 13 boisselées) par jour.

C'est surtout au printems que le Semoir Hugues est d'une utilité inappréciable. Blés de Mars, Disettes, Maïs, Haricots, Moha, etc., etc., sont semés par cet ingénieux instrument, avec une régularité et une vîtesse inconnues par tout autre moyen.

Il y a donc nécessité d'avoir le Semoir Hugues. Pourquoi ne l'ai-je donc pas? Je vais vous le dire: il est trop cher.

Espérons que M. Hugues résoudra ce second et difficile problême: de le mettre à la portée des petits Cultivateurs comme moi, qui sont en France les plus nombreux. (A)

10.° Le Coupe-Racines. Les Pommes de Terre, les Raves et les Disettes ne peuvent se donner en entier aux bestiaux; il faut nécessairement les couper par tranches minces. Or, dans une exploitation peuplée d'un grand nombre d'animaux auxquels on doit distribuer des racines chaque jour, il y a impossibilité de le faire sans le secours de cet instrument. Celui de Roville, dont je me sers, consiste en un cylindre creux armé de 4 couteaux placés à distances égales en long du cylindre. Il est expéditif, commode et facile à tourner, même pour un enfant de 10 ans. Il en existe de plus simples et de moins chers.

Ces divers instruments sont d'une utilité incontestable. Vous m'entendez journellement me louer du bon travail qu'ils font. Ils ont tous l'avantage d'être d'une construction simple, faciles à réparer et très-solides. Bientôt je vous apprendrai à les construire de vos propres mains, car il est plus important qu'on ne le pense qu'un Laboureur sache remédier aux accidents imprévus qui lui surviennent, sans le secours d'un ouvrier étranger à sa

(A) Ce vœu vient d'être entendu de M. Hugues. Après avoir ajouté de nouveaux perfectionnemens à son semoir, il l'a rendu accessible à toutes les classes de Cultivateurs, en établissant un mode de paiement qui donne à l'acquéreur le moyen de s'aquitter, dans l'espace de cinq années, avec les bénéfices mêmes que lui procure l'instrument.

maison. Il y gagne du temps et de l'argent, deux choses très-précieuses dans notre état.

Si donc, un jour, l'un de vous venait à me quitter (ce qui arrivera infailliblement) et qu'il affermât un domaine dans nos environs, il commencerait par étudier toutes les parties du sol de sa ferme et se procurerait, s'il ne les avait déjà, les instruments perfectionnés que je viens de vous désigner. Il se fixerait ensuite sur le choix des végétaux dont la culture serait la plus convenable à son terrain, et dont le débit serait le plus fructueux et le plus assuré. Ce n'est pas seulement de produire que doit s'occuper un Cultivateur, mais de produire des choses recherchées dans la contrée qu'il habite. Mon expérience vous servira de guide à cet égard. Ainsi, à moins que des débouchés ne s'ouvrent à l'avenir pour des produits encore inconnus ici, je vous conseillerai de vous borner aux plantes utiles à la nourriture des hommes et des bestiaux. Il ne faut pas négliger non plus celles qui contiennent de l'huile, qui offrent le double avantage d'être d'une défaite facile et de préparer admirablement la terre pour les céréales. Avant de me fixer aux plantes que je cultive maintenant, j'en avais essayé beaucoup d'autres que j'ai dû abandonner, soit que notre sol ou notre climat ne leur convînt pas, soit que je ne trouvasse pas à en placer avantageusement les produits.

Vous pouvez tenir pour certain, mes enfants, qu'entre des mains intelligentes, le sol de nos plaines acquerrait une valeur bien supérieure à celle qu'il a aujourd'hui. Fatigué depuis des siècles par une culture épuisante, il est étonnant qu'il ne se refuse pas absolument à la production des céréales. Mal fumé, mal labouré et mal assolé, il a fallu chercher dans la jachère un remède à cet épuisement; mais, je vous l'ai déjà dit, ce remède est impuissant, coûteux et nuisible à la propagation des bestiaux.

M'étant donc rendu un compte exact d'un état de choses si déplorables, je me suis aussitôt appliqué à restituer à mes terres leur fécondité naturelle en augmentant mes engrais, et en éloignant, autant qu'il était nécessaire, le retour des céréales dans celles trop fatiguées.

Augmenter ses engrais sans augmenter le nombre de ses bestiaux, ou du moins sans mieux les nourrir, n'est pas chose aisée. J'ai entretenu plus de bestiaux en faisant l'application du proverbe que vous connaissez déjà : *si tu veux du Blé, fais des Prés*. J'ai donc fait des Prés et des meilleurs qu'on puisse faire. Je vous dirai maintenant comment je m'y suis pris pour cela; qu'elles sont les plantes auxquelles j'ai donné la préférence et les raisons de cette péférence.

CULTURE DES PLANTES FOURRAGÈRES.

La Luzerne, le Trèfle rouge ou de Hollande, les Vesces, le Farouch ou Trèfle Incarnat, la Lupuline et le Sainfoin, dont les qualités nutritives et l'abondance sont reconnues, m'ont paru mériter que je les cultivasse, et le succès a répondu à mon attente.

Culture de la Luzerne.

Aucun végétal ne peut être comparé à la Luzerne pour l'abondance; mais elle ne réussit bien et n'a de durée que dans les terres douces et profondes. C'est donc dans les sols argilo-siliceux qu'il faut la placer. On la sème depuis la fin de Mars jusqu'à la mi-juin. L'usage du pays est de lui consacrer les terres les plus ruinées. C'est une grande faute.

Depuis quelques années, je ne fais mes Luzernes

que dans le Colza, et j'obtiens de bons résultats sans frais et presque sans peine. Le moment étant arrivé de passer la houe entre les lignes des Colzas, je répands ma graine de luzerne et je houe immédiatement. Deux travaux se trouvent ainsi faits en même temps: ma luzerne est recouverte et mes Colzas ont reçu le binage dont ils avaient besoin.

J'ai aussi établi des Luzernières en semant la graine dans une céréale et en la recouvrant par un trait de herse.

Un troisième procédé, plus dispendieux et plus long que les précédents, consiste à labourer la terre avant l'hiver, à la relabourer deux fois au printems, à la herser pour bien l'ameublir, et à semer sur le guéret ainsi préparé. On la recouvre ensuite avec une herse légère, si la terre est trop imprégnée d'humidité pour qu'on se serve du rouleau. Lorsqu'il y a possibilité, c'est le rouleau qu'il faut employer, parce qu'il tasse la terre et assure la réussite de la plante.

Culture du Trèfle rouge.

De tous les Trèfles connus en Agriculture, celui-ci est le plus abondant et le plus estimé. Il donne ordinairement deux coupes et c'est la seconde qui fournit la graine. Tous les bestiaux en sont friands en vert comme en sec. On peut doubler son produit en le plâtrant lorsqu'il a six ou huit pouces de haut, au moment où ses feuilles sont chargées d'humidité. C'est donc, le matin, à la rosée ou à la suite d'une pluie, qu'il faut répandre le plâtre bien pulvérisé pour qu'il s'attache facilement aux feuilles.

Les bêtes à cornes et les moutons que l'on fait pacager dans le Trèfle humide échappent rarement à la météorisation (*à l'enflure.*) Il est donc prudent de ne leur en laisser manger qu'en petite quantité, lors même qu'il est bien ressuyé.

Cette plante réussit parfaitement dans les terres argilo-siliceuses (*grosses terres*), argileuses (*matuaudes*) et argilo-calcaires profondes (*fortes groies.*) Il est inutile d'en demander aux sols calcaires manquant de profondeur (*groies faibles.*) Il y naît bien, mais disparaît dès que la chaleur prend de l'intensité.

On le sème à différentes époques : 1.° l'hiver, sur la terre gélée ou sur la neige. On se contente alors de le répandre, laissant aux premières pluies qui surviendront le soin de l'appliquer fortement à la superficie du sol. Il est d'une bonne précaution d'en semer une certaine quantité à cette époque, car la réussite de celui du printems est souvent incertaine ; 2.° En mars, dans les céréales d'hiver, immédiatement avant de les herser ; 3.° Dans les cultures en lignes, telles que le Colza, avant d'y passer la houe et de la manière indiquée pour la luzerne ; 4.° Dans l'orge de mars (*baillarge.*) Dès que la céréale a été recouverte, on répand le trèfle sur le terrain, et on le couvre par un léger trait de herse, ou, si la trempe de la terre le permet, on y passe le rouleau.

Culture des Vesces.

Cette plante est une des meilleures que l'on puisse faire manger en vert à l'étable. Les chevaux donnent la préférence à la noire (*la jarousse*) et les aumailles à la blanche (*la gisse.*)

On la sème ordinairement à l'automne, avant le froment, sur un chaume quelconque et sur un seul labour. Elle réussit dans tous les sols, mais elle pousse plus vigoureusement dans les terres fraîches et profondes que dans celles qui ne le sont pas. La vesce porte graine, se place de préférence dans les sols calcaires (*grois*) où la végétation est plus tôt arrêtée par la chaleur, et où la graine, plus abondante d'ailleurs, a plus tôt atteint une complète maturité.

De fortes gelées la détruisent quelquefois, mais on peut la ressemer en février et en obtenir encore un bon fourrage.

La vesce, destinée à être engrangée, ne doit se faucher que lorsque les gousses sont bien développées. Elle fait alors une excellente nourriture sèche pour toutes les espèces de bestiaux. Ne se semant qu'à une époque où l'on sait à quoi s'en tenir sur les trèfles de printems et d'automne, elle offre le précieux avantage de pouvoir remplacer ceux qui n'ont pas réussi. Il faut la semer épaisse. Deux boisseaux par boisselée de 400 toises (15 *ares* 20 *centiares*) ne sont pas de trop pour qu'elle donne un bon produit et qu'elle étouffe les plantes nuisibles qui naissent avec elle. Malheureusement sa graine est chère et a l'inconvénient de ne pas se récolter toujours de bonne qualité.

Culture du Farouch ou Trèfle-Incarnat.

On serait tenté de penser que cette plante généreuse a été créée pour les paresseux. Bien différente de tous les végétaux adoptés par l'agriculture, et qui demandent une terre meuble, elle semble se plaire davantage sur les sols durs et battus. Il est certain que c'est là qu'elle réussit plus sûrement. Il n'y a donc d'autre peine à prendre pour obtenir du farouch que d'en répandre la graine en bourre sur la terre, à l'époque convenable. Tous les sols, même les plus maigres, peuvent le produire. Il est peu difficile sur le choix du terrain; cependant il préfère les sols riches. Je le sème toujours en bourre et à pleine main. Ses deux plus grands ennemis sont la chaleur et les limaces. Pour le garantir autant que possible de l'un et de l'autre, il ne faut le semer ni trop tôt ni trop tard. L'expérience m'a appris que, dans notre climat, l'époque convenable est du 10 au 25 de septembre. Je conseille aussi de le répandre sur la terre plutôt avant la pluie qu'après, car il arrive fréquemment qu'après la pluie la température s'élevant, la chaleur dessèche ses germes déjà développés.

Il est annuel et ne donne qu'une seule coupe. Il est d'une grande ressource pour épaissir les trèfles au printems trop clairs. Il fait un excellent effet dans la vesce, à laquelle il sert de soutien et qu'il empêche de se couder.

Tous les bestiaux le mangent bien. C'est le premier vert qu'on leur donne après l'hiver. Il précède la vesce de 15 jours.

L'instant de le faucher, pour en obtenir un fourrage sec substantiel, est celui où la plus grande partie de ses pompons a acquis cette belle couleur incarnat qui en fait l'ornement. Plus tard, ses tiges durcissent et font un fourrage peu nourrissant.

Culture de la Lupuline.

Il y a peu d'années que j'ai introduit cette plante dans mes assolements. Les essais que j'en ai faits me donnent lieu de penser qu'elle sera pour nos plaines la plus précieuse des conquêtes. Voici sur quoi se fonde mon opinion.

1.° Elle se plaît particulièrement dans les sols calcaires, et réussit très-bien dans ceux argileux.

2.° Elle est trisannuelle, c'est-à-dire qu'on peut au besoin la conserver 3 ans dans le même terrain.

3.° Les bestiaux qui la pâturent ou la mangent en vert, à l'étable, n'éprouvent jamais les accidents de la météorisation auxquels ils sont si sujets en se nourrissant du trèfle rouge ou de luzerne. C'est sous ce rapport qu'elle me semble destinée à rendre, à notre contrée, de bien grands services, car les moutons, qui en sont avides, trouveront maintenant à se nourrir grassement dans les sols maigres où jadis ils mouraient de faim.

4.° Elle produit le fourrage sec le plus délicat que l'on connaisse.

5.° Elle permet, en l'alternant avec le farouch, la vesce et le sainfoin, de maintenir, en bon assolement, des terres maigres, desquelles on ne pouvait autrefois exiger qu'un peu de blé et de vesce pour graine, et ce, à leur grand détriment.

Le mois de mars est l'époque où doit se semer cette luzerne. Je la place habituellement dans l'orge de cette saison (*la baillarge*) et procède pour l'ensemencement de même que pour le trèfle rouge.

Dans les sols très-faibles, elle n'atteint pas une assez haute élévation pour être facilement fauchée; on la fait alors pâturer.

Celle que l'on peut faucher ne donne jamais de seconde coupe; mais devient un excellent pacage à l'automne. Aussi doit-on en réserver pour graine, avant de faucher, la quantité dont on pense avoir besoin.

Cette plante présente le phénomène de se maintenir constamment en fleurs. La tête des tiges est encore fleurie que la graine des premières fleurs est arrivée à sa maturité. On courrait donc le risque de perdre la meilleure graine, si, pour la récolter, on attendait que la floraison fût totalement passée. Il est temps de faucher la plante lorsque les deux tiers des graines sont suffisamment mûres, ce qui se connaît à la couleur noire des gousses. On la fait sécher par petites veilles sur le terrain, en se contentant de les retourner avec précaution. Les graines se détachent des tiges avec la même facilité que celles du trèfle incarnat des pompons. Il suffit de les battre et de les secouer avec des fourches de bois.

La graine de lupuline conserve pendant sept ans sa faculté germinative. C'est un très-précieux avantage.

Culture du Sainfoin.

Il y a déjà long-temps que les Cultivateurs de nos plaines connaissent cette plante utile; mais ce n'est que fort en petit qu'ils la cultivent, et seulement dans les sols d'une maigreur extrême. Elle donne un fourrage d'excellente qualité, du goût de tous les bestiaux. Sa durée est de plusieurs années; mais ce n'est que la seconde année qu'elle est en plein rapport. Quelques personnes la sèment, l'automne, avec de la vesce pour obtenir, le printems suivant, une coupe qui les dédommage de leurs frais de culture. On doit bien se garder de laisser pâturer le jeune sainfoin par les moutons.. La dent de ces animaux coupe les plantes au-dessous du collet et les fait périr.

L'usage le plus habituel, le plus économique et le plus sûr est de semer le sainfoin dans une céréale de mars, de la même manière que les trèfles.

Deux reproches sont faits à cette plante: l'un de faire trop attendre ses produits, l'autre de fournir une graine dont la faculté germinative a cessé dès la première année. Cependant elle doit être considérée comme d'une importance majeure, ne fut-ce que parce qu'elle se place dans des sols pour ainsi dire impropres à toute autre culture, à raison de leur infertilité.

C'est autant sous le rapport de la bonne préparation qu'elles donnent à la terre que sous celui de leur produit qu'on doit considérer les différentes plantes fourragères dont je viens de vous entretenir. Non-seulement elles portent l'abondance où régnait avant elles la disette, mais encore elles sont la base, le pivot de la culture des céréales. On peut assurer hardiment qu'un blé fait sans fumier, sur un trèfle rompu, vaudra celui placé sur la jachère la mieux traitée. Vous avez pu remarquer, mes chers enfants, si vous y avez fait attention, qu'il en a été ainsi chez nous à la récolte dernière (1837). Tous nos froments sur trèfle étaient les plus beaux.

Il me reste à vous parler des soins à donner à la récolte de ces plantes pour en obtenir un fourrage de bonne qualité.

Après les avoir fauchées, on les fane comme du foin, une ou deux fois seulement, par un beau temps.

Dès qu'elles sont suffisamment flétries, on les dispose en petites veilles que l'on se contente de retourner journellement, après midi, jusqu'à leur parfaite dessication. On les réunit alors en meules de six à huit pieds de haut qu'on laisse dans le champ jusqu'à ce que la fermentation, qui a coutume de s'opérer dans la huitaine, soit achevée. On rentre ensuite le fourrage dans la grange sans courir aucun risque pour sa conservation.

Les plantes à fourrage ne sont pas les seules que l'on doive cultiver pour la nourriture des bestiaux. Il en est plusieurs autres qui ne leur conviennent pas moins et qui réussissent dans notre sol. J'en ai essayé un grand nombre et ai fini par me fixer à celles qui ont le mieux répondu à mon attente. Ces plantes sont : *la Pomme de terre — la Disette — le Maïs — le Moha* ou *Millet de Hongrie* et *le Sarrasin.*

Les deux premières contribuent puissamment pendant l'hiver et le commencement du printems, à l'engraissement des bestiaux. Les vaches, les chevaux, les mules même auxquels on en donne journellement se maintiennent dans un état de santé et de fraîcheur parfait, et les fumiers que font ces animaux, nourris de la sorte, étant imprégnés d'une grande quantité d'urine, contiennent infiniment plus de sels fertilisants que ceux des bestiaux nourris seulement de foin et de paille.

Les vaches laitières se resssentent peut-être encore

plus de l'influence d'une nourriture semblable. Leur lait y gagne en quantité et en qualité, et elles tarissent beaucoup plus tard que lorsqu'on les tient uniquement à l'usage des fourrages secs.

Culture des Pommes de terre.

Les pommes de terre n'entrent encore dans l'assolement des terres de notre contrée que dans une faible proportion ; cependant, la classe pauvre de nos habitants ayant déjà, plusieurs années de suite, retiré de grands services de la culture de cet excellent légume, il est hors de doute qu'il n'occupe bientôt, dans l'opinion de tous nos Agriculteurs, la place que lui assigne son utilité. Il est pour l'homme et pour tous les animaux domestiques, sans exception, un aliment sain, agréable et nourrissant. Les soins qu'exige sa culture nettoient la terre et la préparent on ne peut mieux pour les céréales qui peuvent se semer tard et pour les colzas repiqués.

Le froment ne réussit pas toujours sur les pommes de terre: ce n'est que dans le cas où la terre est très-imprégnée d'humidité, lors de l'arrachement des tubercules, qu'on peut en espérer un bon produit. Cette observation n'est juste que pour notre sol, qui contient beaucoup de calcaire : elle est même absolument fausse pour le Bocage, qui en est totalement dépourvu.

Les terres éminemment calcaires, manquant de profondeur, ne conviennent point aux pommes de terre. Tous nos autres sols y sont plus ou moins propres ; mais se sont les plus frais, les argilo-siliceux, où elles prospèrent le mieux.

On les cultive de différentes manières. Long-temps j'ai suivi le procédé indiqué par M. de Dombasle. Aujourd'hui je l'ai à peu près abandonné pour le suivant, qui est plus commode, plus prompt et tout aussi sûr.

C'est toujours sur une récolte de céréales que je place mes pommes de terre.

Avant l'hiver, dès que mes blés d'automne sont faits, je laboure profondément la terre. Je la laisse ainsi hiverner, sans la herser, pour que la gelée ait plus d'action sur elle. La mauvaise saison étant passée, je profite de l'instant où elle est suffisamment ressuyée pour la herser énergiquement. Je lui donne de suite un second labour que je fais suivre d'un nouveau hersage. Si mon sol est de nature à se réchauffer promptement, c'est-à-dire s'il contient une assez grande quantité de calcaire, je procède en mars à la plantation : dans le cas contraire j'attends le mois d'avril ; enfin, je retarde la plantation en raison de la qualité plus ou moins froide de la terre.

J'ouvre alors des rayons avec le double versoir et fais jeter les tubercules dans ces rayons, à la distance de 15 à 18 pouces les uns des autres. La plantation terminée, j'applanis les billons par un ou deux traits de herse renversée sans dessus dessous. Les pommes de terre se trouvent ainsi parfaitement recouvertes d'une terre fraîche, bien ameublie, et ma plantation s'est opérée en quatre fois moins de temps que par tout autre procédé.

Dès l'instant où quelques tiges se laissent apercevoir, je herse énergiquement pour détruire les herbes nées et ameublir de nouveau la superficie du sol.

Chaque fois ensuite que de nouvelles herbes paraissent, je passe la houe à cheval dans les intervalles des lignes et nettoie les lignes à la binette, opération si simple et si facile que des femmes et des enfans peuvent la faire aussi bien que des hommes.

Si l'on juge à propos de butter les plantes, on le fait avec le double versoir lorsque les tiges ont atteint six ou huit pouces de haut.

Depuis quelques années, je ne butte plus et m'en

félicite. Je me borne à passer la houe aussi souvent qu'il est nécessaire pour maintenir la terre en parfait état de propreté. M. de Dombasle dit avoir acquis la certitude que le produit des pommes de terre non buttées l'emporte de beaucoup sur celui des pommes de terre qui le sont. Croyons-en ce grand maître auquel l'agriculture doit déjà tant d'observations et de découvertes précieuses.

On arrache les pommes de terre lorsque leurs fanes sont desséchées. C'est ordinairement en octobre que se fait cette opération pour laquelle on se sert de houes à main ou de pics à deux dents. On doit les serrer dans un lieu où elles n'aient rien à craindre de la gelée, et d'où l'on puisse facilement en prendre pour les besoins journaliers.

Culture de la Disette.

Je cultive, depuis quelques années, deux espèces de disettes propres à la nourriture des bestiaux. La rouge, dont la racine est fort longue, sort presque entièrement de terre, ce qui la rend facile à arracher, et la blanche, dite de Silésie, qui s'enfonce d'avantage dans le sol. A volume égal, cette dernière contient beaucoup plus de parties nutritives que la première, et a en outre l'avantage de mieux résister aux premières gelées de la fin de l'automne.

Les sols calcaires peu profonds sont impropres à la culture de cette plante. Comme les pommes de terre, elle se plait dans ceux qui ont de la fraîcheur. On la cultive de deux manières également convenables, par semis sur place ou par transplantation.

Veut-on semer sur place? On laboure la terre avant l'hiver; on la herse au mois de mars; on la fume, on la relaboure immédiatement et on la herse encore. On trace alors, avec le rayonneur, des rayons dans lesquels on dépose la graine à la main si l'on a pas de semoir, et on la couvre par un léger trait de herse. Les plants ayant atteint une certaine force, on les éclaircit, si besoin est, et on les bine soigneusement. La houe se passe dans les intervalles des lignes toutes les fois que la terre se salit. Ce procédé est préférable à celui de la transplantation dans les années dont le printems est d'une sécheresse longue et continue; mais il est minutieux, pénible et exige une terre bien préparée dès le mois de mars.

S'il s'agit de transplanter, on commence par faire en mars un semis dans une terre bien ameublie et copieusement fumée, pour que les plants acquièrent un prompt accroissement. On sarcle ce semis avec soin. Ce n'est guère que dans le courant de mai que les plants sont assez forts pour être repiqués. L'on a donc tout le temps nécessaire pour donner au champ, où doit se faire la transplantation, toutes les façons nécessaires. Si le sol n'est pas riche, on doit fumer abondamment et enfouir le fumier par le dernier labourage. L'ameublissement étant une condition absolue pour la réussite des disettes, les hersages doivent être prodigués. Le rayonneur trace alors les lignes dans lesquelles doivent se ficher les plants, et la houe à cheval se passe dans les intervalles de ces lignes, chaque fois que la malpropreté de la terre le demande.

Il y a des Agriculteurs qui pensent que l'effeuillage des disettes est nuisible à leur accroissement. Je ne partage pas leur opinion. En écueillant avec précaution, c'est-à-dire en enlevant seulement les feuilles inférieures qui ont coutume de se dessécher naturellement, on ne fait aucun tort à la plante et on procure aux bêtes à cornes une nourriture, sinon très-substantielle, du moins très-rafraîchissante, dans un moment où les pâturages ne sont d'aucun secours.

Les disettes doivent s'arracher par un beau temps et avant les gelées. On rompt avec la main les feuilles qui leur restent, et on les nettoie de la terre qui tient à leurs racines. Etant très-sensibles à la gelée, elles veulent être serrées dans un lieu peu accessible au froid. Elles se conservent moins long-temps que les pommes de terre ; pour cette raison on les fait manger les premières.

Les disettes porte-graines se mettent en terre au printems, lorsque l'on n'a plus à craindre de fortes gelées.

Le froment vient mal après cette plante que je considère comme une des plus épuisantes. On la fait suivre par de la vesce, de l'avoine, de l'orge d'automne ou par de l'orge de mars, si la terre comporte ce dernier blé.

Culture du Maïs.

Le maïs que l'on destine à donner du grain se sème en mai, lorsque la terre est bien réchauffée. Il exige un sol riche, profond, bien préparé et bien fumé. On le sème dans des rayons ouverts par le rayonneur, de 18 pouces en 18 pouces, et on le recouvre par un léger trait de herse. On entretient la terre propre en y passant la houe et en binant les plantes avec soin.

En buttant le maïs on augmente son produit : ses tiges étant articulées, il sort des articulations renfermées par le buttage des racines traçantes qui sont de nouveaux suçoirs portant la sève aux epis. On doit toutefois se garder de relever trop en cône le billon formé par cette opération : il doit être applati au sommet pour que les pluies bienfaisantes de cette saison pénètrent plus facilement jusqu'aux racines des plantes.

On se sert du double-versoir pour exécuter ce buttage qu'il vaut mieux faire à deux reprises que d'un seul coup.

On procure une bonne nourriture aux bestiaux, tout en favorisant le développement des grains des épis, en coupant les panicules du maïs lorsque les épis sont avancés.

On fait également une chose utile à la plante en supprimant les rejets latéraux qui sortent de ses pieds.

Les épis étant arrivés à leur complète maturité, on les détache des tiges par un mouvement de torsion : on développe les feuilles qui les recouvrent et on les attache deux à deux avec ces mêmes feuilles pour les suspendre sous des hangards ou dans des greniers. L'hiver, pendant les longues soirées, on les égraine en les frottant sur une lame de fer fixée à l'extrémité d'un banc ou d'une planche.

Le maïs que l'on veut faire manger en vert aux bestiaux peut se semer pendant tout le printems et le commencement de l'été, mais toujours avec la condition qu'on le placera dans un terrain bien préparé et bien ameubli. Il n'est pas nécessaire de le semer en lignes. On le répand à la volée et on le recouvre à la herse ou, ce qui vaut beaucoup mieux, à l'extirpateur.

Cette plante offre pour tous les bestiaux une nourriture dont ils sont très-avides. Les sucs abondants qu'elle contient leur plaisent d'autant plus qu'ils recèlent une assez grande quantité de sucre et que c'est dans la saison la plus chaude de l'année qu'on la leur fait manger.

Culture du Moha.

Il n'y a que deux ans que je cultive le moha ou millet de Hongrie ; mais j'ai déjà eu le temps de reconnaître à cette plante des qualités si précieuses que je n'hésite pas à la classer parmi les végétaux les plus utiles. Sa culture est absolument celle du maïs, hors le buttage. L'époque de le semer et les soins à lui donner sont les mêmes. On doit mettre en lignes celui dont on attend de la graine afin de le soigner plus aisément. — Il supporte la chaleur mieux qu'aucune autre plante et donne abondamment de graines. Il naît pour peu que la terre ait de fraîcheur. Lorsqu'il a franchi les premiers jours de sa végétation, il se développe avec une vîtesse extrême. Aucune plante ne talle davantage. C'est le meilleur vert qu'on puisse donner aux vaches et aux chevaux.

La graine de moha est sujette à la carie. Il faut la chauler avant de la semer. C'est le seul reproche qu'on puisse faire à cette excellente plante.

Voici comment s'en fait la récolte :

On coupe les plantes à la faucille ; on les dépose sur le terrain par poignées pour en achever la dessication, après quoi on les place à la main dans une charrette et on les transporte à l'aire, où on les bat sur des bernes. La paille est aussi recherchée des bestiaux que le meilleur foin.

Les volailles n'en aiment pas moins la graine que celle du millet.

Culture du Sarrasin ou Blé noir.

Ce n'est que depuis peu d'années que cette plante est cultivée en Plaine. Nous la devons à nos voisins du Bocage dont jadis elle formait avec le seigle la principale récolte. Elle n'a pour nous d'importance que comme plante fourragère, et c'est sous ce rapport que je l'ai adoptée. Les bêtes à cornes la mangent bien. Elle est d'une grande ressource dans le milieu de l'été, époque à laquelle les autres plantes destinées aux bestiaux sont ou consommées ou brulées par l'ardeur du soleil.

On sème le sarrasin en avril, mai, juin et juillet. Celui dont on veut récolter la graine ne doit se semer ni trop tôt ni trop tard. Il est fort susceptible lors de la floraison : quelques heures d'un soleil trop vif suffisent pour brûler ses fleurs qui, d'un blanc éclatant qu'elles avaient, passent subitement à la couleur noire.

Lorsqu'on le destine à être mangé en vert ou à être enfoui comme engrais végétal, on peut le semer encore en août et septembre. Il réussit dans tous les sols, hors dans ceux trop calcaires et manquant de profondeur. L'argile-calcaire et l'argile-siliceuse lui conviennent parfaitement. Il prépare bien la terre pour les plantes qui lui succèdent, en agissant comme plante étouffante. Ses tiges contenant une grande quantité de sucs, il fait un excellent fumier végétal. On l'enfouit lorsqu'il est en fleurs. Je me loue beaucoup de cette pratique.

Un terrain occupé au printems par un vert quelconque, vesce, méteil, trèfle incarnat, etc., peut immédiatement être emblavé en sarrasin sans que la terre en éprouve le moindre épuisement.

La récolte de la graine du sarrasin se fait, comme celle de tous les blés, lorsqu'elle a atteint une maturité suffisante.

CULTURE DES CÉRÉALES.

De toutes les céréales le froment est la plus estimée, parce qu'elle réunit à un plus haut degré qu'aucune autre les qualités propres à la nourriture de l'homme. En revanche c'est celle qui est sujette à plus de vicissitudes, dont la culture exige le plus de soins, et qui se montre la plus difficile dans le choix et dans la préparation du terrain.

Il n'y a point de sol dans nos plaines qui ne puisse produire plus ou moins de froment. Les terres argilo-siliceuses (*grosses terres*), les argileuses (*matuaudes*), les argilo-calcaires (*fortes grois*) sont celles qui lui conviennent le mieux. Les calcaires (*grois faibles*) manquant de profondeur, de force et de cohésion, le nourrissent difficilement.

L'on ne peut espérer de ces différentes espèces de terre le produit en froment dont elles sont susceptibles qu'autant qu'on les soumet à la culture qui leur est particulièrement propre. L'expérience seule a pu conduire les Agriculteurs à établir des règles positives à cet égard.

Il est généralement reconnu : 1.° Que le froment produit des épis d'autant plus longs et mieux fournis que la couche de terre végétale est plus épaisse ; 2.° Qu'il réussit mieux étant semé dans la terre mouillée que dans celle qui manque d'humidité ; 3.° Qu'il redoute les sols infestés de chiendent et autres graminées, de faux raiforts (*riffles*), de pavots, de centaurée bluet (*bouffas*), de renoncules (*pieds courts*), etc., etc. ; 4.° Qu'il s'accommode mal de la terre trop profondément ameublie.

De ces observations générales sont découlés les principes de culture suivants, dont je me suis empressé de faire l'application et desquels je vous engage, mes chers enfans, à bien vous pénétrer si vous voulez ne pas faire d'écoles grossières lorsque vous cultiverez vous-mêmes.

CULTURE DU FROMENT DANS LES SOLS ARGILO SILICEUX. — (GROSSES TERRES.)

1.° *Froment sur Jachère.*

Supposons d'abord qu'on ait à opérer sur une jachère.

Dès que les semailles et plantations du printems sont achevées, on donne à la jachère un premier labour, profond de 8 ou 9 pouces, s'il se peut. La terre venant à se salir par la naissance de mauvaises herbes, on la herse vigoureusement par un temps sec. On donne en août un second labour, moins profond que le premier de 2 ou 3 pouces au moins

Il ne faut nullement s'inquiéter de l'état où se trouve la terre sous le rapport de l'humidité ou de la sécheresse. Ce travail doit être immédiatement suivi d'un hersage qui favorise la naissance de nouvelles herbes que l'on a soin de détruire avec l'extirpateur. On arrive ainsi jusqu'à l'époque de l'emblavaison, ayant son sol parfaitement nettoyé. Avant le 3.e labour, on transporte le fumier dans les champs et on l'étend régulièrement. Les terres de cette espèce ayant la propriété de se tasser facilement, on y met de préférence du fumier nouveau qui les tient plus divisées que le fumier gras et bien consommé.

Je n'adopte point l'opinion de quelques Agriculteurs qui veulent que l'on fume abondamment les froments. Cette pratique est vicieuse : elle occasionne un luxe de végétation qui rend la plante susceptible de verser par la pluie, de rouiller par les vents d'Ouest chargés d'humidité, et l'empêche de prendre grain. Mieux vaut fumer médiocrement et tous les ans. J'ai adopté la fumure en usage dans notre contrée, qui consiste en une charretée de 3 à 4 mille pesant pour 15 ares 20 centiares (*une boisselée de 400 toises.*)

Le moment d'ensemencer étant arrivé, on laboure de nouveau ; l'on sème sur le guéret, et l'on couvre par un trait de herse.

J'ai quelquefois préféré ne point donner ce 3.me labour à la charrue : la terre ayant été maintenue bien propre, j'ai semé par-dessus et ai couvert le grain à l'extirpateur. Cet instrument n'amenant point à la superficie de terre nouvelle qui contînt des graines d'herbes nuisibles, le froment naissait seul et occupait ainsi, sans partage, le sol pendant tout l'hiver.

A la fin de l'hiver, dès que le hâle a ressuyé les terres, on donne un hersage énergique sans s'inquiéter du dommage que paraît faire l'instrument.

Quelques touffes de blé sont ordinairement arrachées dans les places où il est trop épais ; mais les voisines ne s'en trouvent que mieux et se développent beaucoup plus rapidement. Ce hersage vaut du fumier : il déraidit la surface du sol et chausse les plantes avec la terre des mottes divisées par les gelées.

En avril l'on commence à sarcler, et l'on continue cette opération importante tant que le besoin s'en fait sentir.

Le sarclage terminé, on n'a plus à s'occuper de son froment qu'à la récolte.

Parvenu à parfaite maturité, on doit l'enlever des champs le plus promptement possible. Une fois rendu à l'aire et mis en tas bien faits, il est préservé des accidents nombreux auxquels il était exposé dans les champs. Il est d'ailleurs très-important de pouvoir disposer de la terre qu'il occupait, soit qu'on veuille la labourer pour faire périr par la chaleur les chiendents qui s'y trouvent, soit qu'on veuille la préparer à recevoir des colzas transplantés.

Au cas où l'on aurait semé du trèfle dans le blé, pendant l'hiver ou au printems, on doit se garder de couper le chaume avant que les grandes chaleurs soient passées. En le privant de l'abri du chaume, l'ardeur du soleil le dessèche et il disparaît.

2.° *Froment sur Trèfle.*

Nous avons déjà vu, en parlant de la culture des trèfles, que celui dit de Hollande ou rouge et celui appelé *farouch* ou incarnat réussissent également bien dans les terres argilo-siliceuses. Le premier peut s'y maintenir deux ans en bon rapport ; mais, dès la seconde année, le chiendent l'envahit et le froment qui lui succède se trouve accompagné de cette plante épuisante et ennemie. En bonne culture, le trèfle ne doit occuper le sol qu'un an. Le second est annuel et ne se reproduit que par la semence. Il ne donne qu'une coupe et laisse la terre libre dès la première quinzaine de juillet.

Beaucoup d'Agriculteurs, raisonnant par analogie, sont portés à croire que, si la terre occupée par les trèfles recevait deux labours avant d'y placer du froment, la céréale s'y trouverait mieux que dans celle qui n'en aurait reçu qu'un. C'est une erreur confirmée par l'expérience et dont j'ai fait moi-même l'épreuve pendant plus de dix années.

Cependant, s'il est incontestable que le froment sur trèfle rouge ne demande qu'un labour et peut se passer de fumier, parce que les touffes de ce trèfle étant en pleine végétation au moment où on le retourne, il forme un fumier végétal qui nourrit le blé, il n'est pas aussi bien démontré que le froment sur trèfle incarnat s'accommode mal de deux labours et qu'il puisse se passer d'une fumure ordinaire. Je penche même à croire qu'il est prudent d'ajouter un engrais à celui fourni par le trèfle lui-même, qui n'a laissé sur le terrain que peu de détriments et qui a totalement cessé de végéter aussitôt après la fauche. Je conseille aussi deux labours dont le premier, donné immédiatement après la récolte du trèfle, a lieu à une époque où l'intensité de la chaleur détruit les graminées, telles que les chiendents à perles et courants, dont cette espèce de terre n'est que trop disposée à se laisser envahir.

Je vois, mes chers enfants, que vous êtes curieux de connaître les raisons pour lesquelles, en général, le froment sur trèfle réussit plus sûrement après un seul labour qu'après deux. Je vais tâcher de vous les expliquer.

1.° La couche de terre qui a nourri le trèfle étant parfaitement purgée des herbes nées en même-temps que lui, soit qu'il les ait étouffées, soit qu'elles aient été fauchées avant que leurs graines eussent acquis la maturité suffisante pour tomber sur le terrain, il y a certitude qu'en retournant le trèfle il n'en naîtra pas de nouvelles, ou que du moins il en naîtra fort peu avec le blé ensemencé dans cette couche de terre.

2.° Le blé se trouvant recouvert par la herse dans les détriments même du trèfle, qui ne tardent pas à se décomposer et à former un engrais végétal, ses premières racines s'étendent avec facilité dans cette terre légère et substantielle.

3.° Et comme il est reconnu que le froment exige que le sol inférieur ait plus de cohésion que celui de la superficie, pour que ses racines s'y cramponnent solidement, un seul labour, donné à la profondeur de 4 ou 5 pouces seulement, a le double avantage de ne point ameublir la couche de terre inférieure, et de laisser en dessous cette couche de terre non encore purgée des plantes nuisibles dont elle recèle les graines.

Si au contraire on laboure deux fois avant l'ensemencement, l'on perd d'une part tout le bénéfice du fumier végétal résultant des détriments du trèfle, car les chaleurs qui surviennent après le premier labour les dessèchent rapidement et les réduisent, pendant tout l'été, à l'état de paille; et, en second lieu, lorsqu'on donne le second labour, la charrue amène indispensablement à la superficie une certaine quantité de terre contenant des graines qui naissent avec le blé et elle renverse au fond de la raie celle nettoyée par le trèfle et qui se trouve, ainsi que je l'ai déjà dit, dans un état d'ameublissement parfait. L'on tombe donc ainsi dans les deux circonstances les plus défavorables à la réussite du froment.

Si cette explication ne satisfaisait pas votre esprit,

laissez-la, mes bons amis, pour ce qu'elle vaut; mais acceptez pour un fait accompli et irrévocable le résultat de mon expérience, et faites en votre profit.

Ainsi, il y a économie de travail et certitude de réussité à semer le froment sur le trèfle renversé. On le couvre à la herse. Il est quelquefois bon de donner deux hersages croisés. Les touffes de trèfle arrachées par les dents de la herse, gisent tout l'hiver sur le terrain et forment pour le printems une réserve de fumier végétal que la herse divise et étend au pied des plantes.

L'emblavaison du froment doit commencer par les terres en trèfles afin que les détriments de ces plantes profitent sans retard des circonstances favorables à leur fermentation et à leur prompte dissolution.

3.° *Froment sur Vesce.*

La végétation de la vesce étant très-active et très-prolongée dans cette espèce de sols, il est rare qu'on la conserve pour graine. On la fait toujours manger en vert aux bestiaux ou on la fauche pour l'engranger. On peut donc disposer du terrain qu'elle occupait, vers la mi juillet, et le traiter comme une demi-jachère pour y semer du froment.

Lorsque la vesce a été abondante et qu'elle a étouffé les plantes qui l'accompagnaient à sa naissance, la réussite du froment est presque certaine. Dans le cas contraire, il est habituellement mauvais.

La meilleure préparation que l'on puisse donner à la terre qui a produit de la vesce pour y placer du froment est la suivante:

Labourer aussitôt après l'enlèvement de la vesce, quelque soit l'état de la terre, sèche ou non; herser dès qu'on le peut, pour ameublir et faire naître l'herbe; entretenir le sol propre avec l'extirpateur; transporter le fumier et le répandre quelques jours avant les semailles ; labourer une seconde fois, à la profondeur de 4 à 5 pouces seulement ; semer sur ce guéret ; couvrir le blé à la herse et se conformer pour les soins subséquents à ce qui a déjà été dit plus haut.

4.° *Froment sur Colza.*

Le colza est une des plantes qui offre le plus d'avantages : c'est aussi celle qui, à raison des nombreux binages qu'elle reçoit, prépare le mieux la terre pour le froment.

Depuis plus de 10 ans que je cultive le colza, je l'ai toujours fait suivre par du froment et ne m'en suis encore jamais repenti.

La récolte du colza a habituellement lieu du 20 de juin au 5 de juillet. La terre est par conséquent débarrassée assez à temps pour recevoir les cultures propres à assurer la réussite du blé. Cette récolte terminée, voici ce que l'on doit faire :

Donner immédiatement un bon labourage ; herser suffisamment pour que la terre soit bien ameublie ; dans le courant d'août, labourer une seconde fois et herser encore ; entretenir ensuite le sol propre jusqu'à l'époque de l'emblavaison, en y passant l'extirpateur par un beau temps ; charrier le fumier à la fin de septembre ; le répandre uniformément. L'époque des semailles arrivée, si la terre est très-imprégnée d'humidité, labourer avec la charrue à 4 ou 5 pouces de profondeur ; semer sur ce guéret, et enterrer le grain par un trait de herse. Si, au contraire, la superficie du sol est desséchée, semer de suite et enfouir le grain avec l'extirpateur. Ce dernier mode, infiniment plus expéditif que le premier, lui est préférable en ce qu'il place le froment dans la couche de terre qui, ayant déjà reçu plusieurs façons de nettoiement, laisse le moins de crainte pour la naissance de plantes nuisibles.

On ne doit point s'inquiéter des parties de fumier que l'extirpateur n'a pu enfouir et qui restent repandues ça et là sur le sol, car il est reconnu que les blés fumés par-dessus ne valent pas moins que les autres.

CULTURE DU FROMENT DANS LES SOLS ARGILEUX (MATUAUDS.)

1.° *Froment sur Jachère.*

Les terres purement argileuses sont fort rares dans notre contrée : on peut même assurer qu'il n'en existe pas. Nous appelons ainsi celles qui sont tenaces, qui adhèrent fortement aux instruments lorsqu'on les cultive mouillées ; mais elles contiennent toujours une portion quelconque de calcaire. Malheur au Cultivateur qui n'aurait que des terres semblables à exploiter ! Trop d'humidité et trop de sécheresse les rendent également impraticables. Il faut épier l'instant propre à y porter la charrue, et cet instant est souvent de courte durée. Trop mouillées, on ne peut les ameublir ; desséchées, leur dureté les rend impénétrables aux instruments.

Cependant elles sont loin d'être infertiles : le froment y donne des produits abondants et d'excellente qualité lorsqu'on a pu le semer de bonne heure, dans un guéret bien ameubli. Cette dernière circonstance est d'autant plus importante que la naissance du blé en dépend. La terre étant trop mouillée, elle ne se laisse pas diviser par les dents de la herse qui se bornent alors à marquer leur passage : étant trop sèche, le blé tombe sous d'énormes mottes que la herse ne peut que faire changer de place, et le blé qu'elles recouvrent est étouffé ou naît misérable et souffrant.

L'on ne peut donc donner trop de soins à la préparation des sols de cette espèce.

A-t-on affaire à une jachère ? On donne un labour profond en mars. Si le guéret est bourru, on le herse de suite pour briser les mottes le plus possible. Au cas où le temps ne permettrait pas de herser, on attend qu'une circonstance favorable se présente pour le faire : c'est ordinairement celle où, après avoir bien essoré, la terre est pénétrée par la pluie. L'on obtient alors par le hersage un guéret magnifique.

En août on donne un second labour moins profond que le premier, et, s'il se peut, à la suite d'une pluie ; car les façons trop sèches ne sont pas toujours bonnes dans cette terre. On entretient le guéret propre jusqu'au moment des semailles : on fume à l'époque ordinaire, et on ensemence dès que la terre a été labourée une 3.me fois.

On doit se garder de préparer plus de guéret qu'on ne peut en ensemencer avant de quitter le champ ; car s'il vient à pleuvoir dessus, la herse s'empâte aisément, graisse la terre au lieu de l'ameublir et enterre mal la semence.

C'est principalement sur les sols de cette nature que le hersage de mars fait un excellent effet. Les mottes pénétrées par les gelées se brisent dès que la herse les touche et fournissent aux racines coronales du blé un aliment nouveau qui le fait taller vigoureusement.

Le sarclage se fait dans ces terres de la même manière que dans celles des autres espèces. On doit seulement observer de ne pas y entrer lorsqu'elles sont trop mouillées, vu leur compacité naturelle.

2.° *Froment sur Trèfle.*

Nous avons déjà dit que tous les trèfles, et la lupuline même, réussissaient dans les terres argileuses ; qu'ils avaient la propriété de tenir la couche de terre, pénétrée par leurs racines, toujours bien divisée.

Un Cultivateur qui connaît les difficultés de l'ameublissement de semblables sols n'a donc rien de mieux à faire que de les tenir, le plus possible, occupées par des plantes de cette espèce, avant d'y placer du froment.

Le travail ne consiste plus alors qu'à rompre le trèfle par un seul labour, dès que l'époque de l'emblavaison est arrivée et que le fumier a été étendu sur la terre, au cas où l'on ait jugé convenable de fumer ; à semer sur le guéret et à couvrir la semence avec la herse. Un second hersage en travers du premier fait toujours fort bon effet.

Les soins ultérieurs à donner au blé sont les mêmes que ceux déjà indiqués.

3.° *Froment sur Vesce.*

Si c'est sur une vesce mangée en vert ou fauchée pour fourrage sec que l'on doive emblaver du froment, on laboure la terre aussitôt après l'enlèvement du fourrage; on la herse; on la maintient propre au moyen de l'extirpateur, pendant tout l'été, et on ne la laboure plus qu'à l'époque des semailles, après l'avoir fumée convenablement.

Toutefois on peut donner un labour en août, si la terre se trouve imprégnée d'humidité. Dans le cas contraire, on fait mieux de s'en dispenser.

Lorsque la vesce a porté graine, le travail n'est pas le même: on fume le terrain à l'époque ordinaire; on donne un seul labour; on sème et l'on herse pour recouvrir. Deux hersages consécutifs sont utiles lorsque le guérot présente de trop fortes mottes; mais alors la semence ne se répand qu'après le premier hersage, et se recouvre par le second.

CULTURE DU FROMENT DANS LES SOLS ARGILO CALCAIRES. (FORTES GROIS)

1.° *Froment sur Jachère.*

Les sols de cette espèce ont de tout temps été

considérés par les Cultivateurs de nos plaines comme les plus propres à la production des céréales, et effectivement ce sont ceux auxquels l'assolement du pays impose invariablement trois blés successifs dont un seul, le froment, reçoit une fumure médiocre. La quatrième année est consacrée à la jachère.

Je n'ai point à m'occuper ici de l'assolement qui leur convient, mais seulement des préparations qu'ils exigent avant d'y placer du froment.

Bien différents des sols argileux, l'excès d'ameublissement leur est contraire, parce qu'il favorise la naissance d'une innombrable quantité de graines fines, telles que celles du pavot, etc, et que le froment s'en accomode mal.

On doit donc, autant que possible, n'y porter la charrue que lorsqu'ils sont bien pénétrés par la pluie, parce que, dans cet état, ils se tassent plus facilement et contractent toute l'adhérence dont ils ont besoin pour produire.

La préparation à donner à la jachère qui doit recevoir du froment consiste à labourer pour la première fois en avril ou mai; à détruire l'herbe par des hersages, dès qu'elle commence à poindre; à donner, en août, un second labour à la charrue, si la terre est mouillée, si non à se contenter de détruire l'herbe née avec l'extirpateur, et à maintenir le sol bien nettoyé jusqu'au moment des semailles. Cette époque arrivée, après avoir répandu le fumier, on laboure, on sème et l'on couvre le grain a la herse.

Les soins à donner au blé, après l'hiver, sont ceux que j'ai déjà indiqués pour les autres sols.

2.° *Froment sur Trèfle et sur Lupuline.*

C'est décidément par un seul labour que doit être rompue la prairie artificielle à laquelle on veut faire succéder du froment dans cette espèce de terre.

Deux labours l'ameublissent trop et facilitent la naissance des graines de plantes adventices ou naturelles.

Le procédé à suivre ne diffère en rien de celui conseillé pour les terres argileuses : seulement, au lieu de deux hersages après l'ensemencement, on n'en doit donner qu'un pour éviter le trop grand ameublissement du sol.

Hersez au printems, dès que la terre est ressuyée, et sarclez aussitôt et aussi souvent qu'il est nécessaire.

3.° *Froment sur Vesce.*

Ce que je pourrais vous dire à l'égard du froment sur vesce, dans cette espèce de terre, étant l'exacte répétition de ce que je vous ai déjà dit à l'article du froment sur vesce dans les terres argileuses, je ne le répèterai pas. Je me bornerai à vous faire une recommandation bien essentielle et que vous ne devez pas perdre de vue : c'est que dans les terres argilo-calcaires, telles du moins qu'elles existent chez nous, les façons sèches compromettent toujours la réussite du froment. Vous attendrez donc que la pluie les ait pénétrées avant d'y mettre la charrue.

CULTURE DU FROMENT DANS LES SOLS CALCAIRES (GROIS-FAIBLES.)

Froment sur Jachère et sur Sainfoin.

Devrait-on raisonnablement cultiver le froment dans des sols de cette nature? Non, assurément. Cependant c'est ce que l'on fait dans toutes nos plaines, en dépit de résultats constamment décourageants. Je ne puis en conscience, mes chers enfans, vous conseiller une pratique si contraire à vos intérêts.

Ce ne peut être qu'après un repos de plusieurs années qu'on peut se hazarder à confier une céréale aussi épuisante que le froment à de si pauvres terres.

Leur véritable produit est le sainfoin et les gros blés.

En rompant le sainfoin, après plusieurs années de durée, on peut essayer une récolte de froment; mais il n'y faut plus revenir avant qu'une circonstance nouvelle ne présente de nouvelles chances de succès.

Le froment se fait sur le sainfoin, comme sur les trèfles, par un seul labour et à la herse. Sur une jachère, on suit les procédés indiqués pour les sols argilo-calcaires, en observant rigoureusement de n'y porter la charrue que lorsque la terre est très-mouillée.

Les fumiers les plus consommés sont ici les seuls convenables, parce qu'ils sont moins chauds et plus onctueux que les fumiers nouveaux.

Le froment est sujet à la carie. Les moyens indiqués contre cette maladie ne manquent pas; mais on est encore à trouver le véritable spécifique. La chaux vive forme la base de toutes les compositions les plus efficaces. Ainsi, un Agriculteur prudent ne doit pas négliger de chauler son blé, ni même de le changer lorsqu'il le voit trop envahi par la carie.

M. De Dombasle vient de découvrir un nouveau remède dont il s'est empressé de répandre la connaissance par un écrit qui est dans les mains de presque tous les Agriculteurs instruits. Je n'en ai point encore fait l'essai. Je suis d'ailleurs fort satisfait de celui que j'emploie et qui se compose ainsi :

Pour 2 hectolitres (8 *boisseaux*) de froment.

Prenez 2 kilogrammes de chaux vive,
4 fortes pellées de cendre,
2 onces d'arsenic 1.re qualité, en poudre; faites bouillir le tout en 4 sceaux d'eau; laissez refroidir la lessive pendant une heure; répandez-la ensuite sur le blé que vous saupoudrerez en même-temps de deux autres kilogrammes de chaux vive

bien pulvérisée; remuez à mesure le grain avec une pelle, jusqu'à ce qu'il soit parfaitement imprégné d'humidité.

Je dois aussi vous dire que j'ai essayé de plusieurs variétés de froment, tant rouges que blancs. Toutes m'ont donné de beaux produits pendant les deux premières années : ensuite elles ont dégénéré. Je n'ai conservé comme blé rouge que le *Lama*, qui s'est bien acclimaté, et suis revenu, pour le blanc, à l'ancien froment du pays.

Culture du Seigle.

Cette céréale n'entre dans les assolements de nos terres que dans une proportion imperceptible. On ne la cultive que dans le but d'obtenir de sa paille des liens pour les gerbes de l'orge de mars.

On place habituellement le seigle dans la sole de froment, soit sur jachère, soit sur colza, soit sur trèfle incarnat ayant reçu deux labours. Il exige un guéret très-ameubli et pulvérulent, c'est-à-dire très-sec, ce qui justifie l'axiôme qu'il doit être semé dans la poussière. C'est le premier blé que l'on sème pour qu'il acquière assez de force avant les premières gelées. Les sols argilo-siliceux lui conviennent parfaitement. Il réussit bien aussi dans les argiles-calcaires, lorsqu'on a pu les ameublir convenablement.

Je ne vous dirai rien de la préparation de la terre où doit se placer le seigle. Elle est la même que pour le froment. Je vous préviendrai seulement qu'il faut se garder de herser le seigle au mois de mars, parce que, à cette époque, il a acquis un tel développement, qu'on lui causerait un préjudice notable, quelque fût l'instrument qu'on employât pour cette opération si utile aux autres céréales d'automne.

Culture de l'Avoine.

Je ne sais vraiment pourquoi l'avoine n'est pas cultivée plus en grand dans notre contrée. Aucune céréale ne dédommage plus généreusement des peines qu'elle a données. L'usage du pays est de la placer dans les terres arrivées à un état complet d'épuisement et de malpropreté. *C'est*, dit on, *un grain qui vient de misère*. L'on ne saurait faire un plus mauvais calcul. J'ai adopté une méthode contraire, et vous savez si j'ai lieu de m'en repentir. Rappelez-vous cette avoine que nous allâmes visiter ensemble, l'an dernier, et qui me passait au-dessus de la tête de plus d'un demi-pied. Son produit fut si exhorbitant qu'il parut fabuleux à mes propres voisins.

Cette céréale réussit dans la plupart des sols; mais sa vraie place est dans ceux frais et profonds.

Lorsqu'un champ est en bonne rotation de culture, c'est-à-dire lorsqu'il est soumis à l'assolement alterne, on doit intercaler l'avoine entre les pommes de terre et le trèfle, ou entre le colza et le trèfle. Il n'est pas rare alors d'obtenir de 30 à 40 pour un. Elle se plait parfaitement aussi sur un trèfle rompu. Les fortes gelées lui étant souvent très-préjudiciables, on doit la semer de bonne heure pour qu'elle ait, avant l'hiver, acquis assez de force pour y résister. Elle doit être hersée au printems, à moins qu'on n'y ait semé du trèfle pendant l'hiver. Il faut, dans ce cas, se borner à la sarcler soigneusement.

Il arrive quelquefois qu'après un froment qui a laissé la terre en bon état de propreté, l'on est tenté de fausser le principe de culture alterne et de faire de l'avoine. Je me garderai bien de recommander un assolement proscrit par les meilleurs Agriculteurs; cependant, je crois que l'on peut, sans trop d'inconvénient, exiger, de loin en loin, un tel effort du sol de nos plaines. Il faut alors, aussitôt le chaume enlevé, donner un labour; le faire suivre d'un hersage, et ne semer que sur un second labour. Le premier, ayant eu lieu à une époque où la température est brûlante, a d'autant mieux préparé la terre, qu'il a fait disparaître les herbes les plus dangereuses, telles que le chiendent à perles dont la herse a ramené les touffes sur le guéret.

Culture de l'Orge d'automne. (méture.)

Il serait heureux pour notre contrée que cette céréale y fût inconnue. C'est principalement à elle qu'on doit attribuer l'épuisement et la malpropreté du sol de toutes nos exploitations, et la nécessité de les soumettre au système de la jachère. Sa véritable place est sur les pommes de terre, ainsi que sur les plantes fourragères et oléagineuses après lesquelles, par des raisons quelconques, on ne peut pas semer du froment. Je vous conseille de la cultiver en petite quantité, non pas qu'elle ne soit d'un fort bon produit, mais parce qu'elle est inférieure en qualité à l'orge de mars qui a d'ailleurs sur elle l'avantage de laisser tout le temps possible pour donner à la terre de bonnes préparations.

Cependant dans les sols argilo-siliceux (*grosses terres*) impropres à la baillarge, on retire d'abondants produits de l'orge d'automne en la plaçant, comme je viens de l'indiquer, mais jamais, ainsi que le pratiquent les Cultivateurs de notre contrée, après le froment.

Cette céréale est la dernière qui se sème avant l'hiver. Elle réussit dans tous les sols et se fait par un seul labour suivi d'un hersage. Le hersage du mois de mars agit puissamment sur sa végétation et ne doit jamais être négligé.

Culture de l'Orge de Mars. (baillarge.)

Les sols argilo-siliceux (*grosses terres*) sont les seuls qui ne conviennent pas à l'orge de mars, parce qu'ils se réchauffent tard, que la végétation y est lente, et qu'ils se chargent d'une prodigieuse quantité de pavots et de faux raiforts (*riffles*) lorsqu'ils sont ameublis au printems. Elle réussit dans tous les autres, pourvu qu'on parvienne à les bien diviser. Ceux très-argileux présentent souvent de grandes difficultés pour leur préparation ; mais avec les instruments perfectionnés, tels que ceux dont je me sers, il n'y a point de sol, si rebelle qu'il soit, qui ne puisse être amené au point d'ameublissement désirable.

Ainsi, par exemple, a-t-on à préparer une terre argileuse très-compacte? On la laboure, avant l'hiver, le plus correctement possible. Si elle est fortement imprégnée d'humidité, les bandes retournées par la charrue formeront comme un ruban continu d'une extrémité à l'autre du sillon. Si au contraire l'humidité ne l'a pas pénétrée suffisamment, elle se brisera par grosses mottes. On lui laisse passer l'hiver dans cet état. En mars, dès que le sol est assez ressuyé, l'on herse fortement. Les bandes de terre, ainsi que les mottes, d'autant mieux pénétrées par les gelées que l'air a eu plus de facilité a s'introduire dans les intervalles qui les séparaient, se laissent effriter comme de la chaux vive exposée à l'air humide. Vous obtenez ainsi un guéret on ne peut mieux ameubli. On sème par-dessus et l'on couvre avec l'extirpateur. Le grain placé dans une couche de terre qui réunit toutes les conditions de la meilleure préparation, naît bien et promptement. La couche de terre inférieure sur laquelle les gelées n'ont eu aucune influence, et qui est restée compacte et très-mouillée, contribue par son humidité au développement des plantes dont les racines sont entretenues dans une fraîcheur bienfaisante et durable.

Lorsque, à la fin de l'hiver, le guéret présente une surface trop prise et trop croutée pour que la herse y produise de l'effet, on donne un second labour à la charrue et, avant de semer, l'on herse aussi long-temps qu'il convient pour bien ameublir le guéret. Si la herse est insuffisante pour briser les mottes, on a recours au rouleau, et l'on finit toujours, en employant alternativement ces deux instruments, par obtenir un guéret tel que la réussite de la bailiarge y soit assurée.

Les sols argilo-calcaires (*fortes grois*) et ceux absolument calcaires (*grois faibles*) ne présentent aucune difficulté dans leur préparation. Ils se labourent avant l'hiver ; on les herse en mars, et l'on couvre la semence à l'extirpateur : ou bien, si l'état de la terre le demande, on donne un second labour à la charrue, et l'on couvre la semence à la herse.

A l'article des assolements, je vous dirai quelles sont les circonstances dans lesquelles il est le plus convenable de cultiver l'orge de mars.

Culture du Colza.

Ah ! la bonne plante, mes enfants, que le colza ! Depuis que je le cultive, j'obtiens des terres où je l'ai placé des produits dont on ne les croyait pas susceptibles, et qui, loin de les épuiser, les préparent à la culture des céréales mieux que la jachère la plus soignée. Ceci est en contradiction avec ce que disent beaucoup de nos Cultivateurs qui, ayant fait de mauvaises récoltes de froment sur des colzas mal cultivés, en ont conclu que c'était une mauvaise plante. Mais rapportez-vous en à mon expérience établie sur plus de dix années de faits constamment favorables.

Certes, le colza n'est pas exempt de vicissitudes. Il a même des ennemis qui lui sont propres, tels que les chenilles et les pucerons. Quelle plante n'a les siens? Vous verrez, quand je vous parlerai des assolements, que la somme des avantages qu'il présente l'emporte infiniment sur celles des plantes les plus estimées. Sa graine est très-recherchée et se vend, dès qu'elle est récoltée, au comptant. Sa paille, qui entre promptement en fermentation, fait le fumier le plus pur de graines qui existe. Ses siliques, serrées sèches, servent à la nourriture des vaches et des moutons pendant l'hiver. Ses tiges, mises en fagots, brûlent aussi bien que la ramille de bois, soit au four, soit au foyer; et, mieux que tout cela, sa culture procure de l'occupation aux pauvres journaliers à une epoque de l'année où jadis l'ouvrage leur manquait absolument.

Il y a plusieurs manières de cultiver le colza.

Les plus usitées sont:

Le semis à la volée,
Le semis en lignes,
La plantation à la charrue,
La plantation à la fiche dans les tracés du Rayonneur.

Ce dernier mode est celui que j'ai adopté. C'est aussi celui que conseille le savant Directeur de la ferme-modele de Roville.

Le semis a la volée ne peut s'exécuter avec succès que dans les defrichements où l'on n'a point à craindre la naissance de ces myriades de plantes ennemies dont sont infestées les terres de nos plaines en vieille rotation de culture. L'on n'obtient jamais dans celles-ci qu'un produit insignifiant dont la cause est évidemment la malpropreté du sol, malpropreté à laquelle il n'est possible de remédier qu'à force de bras et de dépenses. Le blé, placé à la suite d'une telle récolte, est nécessairement mauvais. Pourrait-il en être autrement, les plantes adventices qui accompagnaient le colza s'étant nourries des sucs dont celui-ci aurait du seul profiter, et ayant déposé sur le sol d'innombrables graines qui naissent avec le blé, et dévore sa substance?

Le semis en ligne ne remédie pas plus que celui à

la volée à la malpropreté du sol ; mais il offre une économie de temps pour le nettoiement. La houe à cheval, pouvant fonctionner entre les lignes, abrège considérablement le travail à la main, qui se réduit alors à biner les plants après les avoir éclaircis. Cette dernière façon ne dispense pas de bécher à bras avant l'hiver, ni de houer au printems.

Plus coûteux et plus minutieux que celui de la transplantation, ce procédé a l'inconvénient d'exiger une terre bien préparée, long-temps à l'avance, par plusieurs labours, pour assurer la naissance du colza, toujours douteuse dans les terres mal ameublies.

La plantation à la charrue semble, au premier coup d'œil, réunir des avantages étrangers aux autres procédés ; mais il suffit de l'avoir pratiquée concurremment avec la plantation à la fiche pour l'abandonner sans retour. Des plants longs de tige sont indispensables pour opérer ainsi avec aisance ; encore y a-t-il nécessité de parcourir, après coup, toutes les lignes pour soulever les plants trop couverts ou enfoncer ceux qui ne le sont pas assez.

La plantation à la fiche l'emporte infiniment, sous tous les rapports, sur les procédés ci-dessus ; aussi vais-je entrer avec vous dans tous les détails des travaux préparatoires qu'elle exige.

La transplantation suppose un semis dans lequel se prend le plant dont on a besoin. Ce semis, pour réussir, doit être fait dans les conditions suivantes :

Choisir une terre argilo-calcaire (*forte grois*) de bonne qualité ; la labourer dès la fin de l'hiver, la herser immédiatement, la relabourer en juin et la herser encore ; porter le fumier sur le terrain, à la fin de juillet, et le répandre de suite ; dès le premier d'août, si le temps le permet, donner le dernier labour ; herser le guéret ; y semer le colza, plutôt trop clair que trop épais, et le couvrir légèrement.

La prudence conseille de semer, à trois ou quatre reprises, et à des intervalles de 4 à 5 jours. La terre sèche, pulvérulente, offre plus de chances de réussite que celle trop humide, car, si une pluie abondante venait à tomber sur le guéret déjà assez mouillé, avant qu'il eût essoré, la terre se prendrait à la superficie et la graine ne naîtrait pas.

Gardez-vous de jamais placer vos semis en terre argilo-siliceuse (*terre froide*) : ils y languiraient et ne fourniraient que de petits plants. Or, il est de la plus haute importance d'en planter de forts et de bonne heure. Les choux plantés dès la St. - Michel (*fin de septembre*), l'emportent toujours sur ceux plantés plus tard.

Si la terre où l'on veut faire sa plantation a produit du blé, ce qui a ordinairement lieu, on la laboure aussitôt la récolte enlevée ; on la herse ; on y transporte du fumier en même quantité que pour du froment ; on étend ce fumier avant de donner à la terre la préparation suivante, après laquelle s'effectue la plantation.

Labourer profondément; herser avec la herse renversée sans dessus dessous et rayonner immédiatement. Sur un hersage semblable les tracés du rayonneur sont très-apparents, le terrain présentant une surface parfaitement unie. On apporte ensuite les plants dans une charrette ; on les dépose le long des planches en tas éloignés de 20 pas environ les uns des autres. Une personne les répand avec une fourche sur le terrain et les planteurs les mettent en terre en se suivant comme des faucheurs, le premier rejetant au second les choux qu'il a de trop sur sa ligne ; le second agissant de la même manière à l'épard du troisième et ainsi de suite pour les autres. Cette méthode, aussi prompte que facile, permet à une seule personne de fournir six planteurs, et un planteur qui s'occupe raisonnablement, plante facilement un tiers de boisselée (5 *ares* 6 *centiares*) dans sa journée, en comprenant même l'arrachement du plant dans le semis.

Si la terre se trouve trop mouillée et qu'on craigne, en la foulant aux pieds, de lui causer trop d'adhérence, il ne faut la labourer qu'au fur et à mesure que la plantation s'exécute. Les planteurs, répartis sur toute la longueur du champ, se tiennent alors dans la raie et plantent sur la dernière tranche renversée par la charrue. De deux tranches en deux tranches, on place un rang de choux. Les tranches ayant 10 pouces de large, les rangs se trouvent à vingt pouces les uns des autres, distance voulue pour le libre passage de la houe. La charrue doit labourer deux planches de même largeur à la fois, afin que, lorsqu'elle travaille dans l'une, les planteurs soient occupés dans l'autre.

Ce mode de plantation est moins expéditif que le précédent, parce que les plants ne peuvent se répandre tout à la fois sur le terrain, mais successivement sur chaque ligne. Il doit cependant lui être préféré lorsque la saison est pluvieuse.

Les sols susceptibles de retenir l'eau, ceux fortement argileux, ne conviennent point au colza : ses racines y rouissent et il dépérit. Il réussit parfaitement dans les sols argilo-siliceux et dans ceux argilo-calcaires profonds. Il est inutile d'en placer, de quelque manière que ce soit, dans les sols calcaires. Sa végétation y est active ; mais la chaleur venant à réchauffer trop fortement la terre, les siliques avortent ou se dessèchent avant que la graine ait acquis tout son développement. Nous appelons ici cet effet *brumer*.

Quelque temps avant que les fortes gelées aient scellé la terre, il faut bêcher les choux. Cette opération, qui se fait à bras, n'est pas moins indispensable pour les plants que pour le sol déjà chargé d'une grande quantité d'herbes nuisibles. Elle est plus prompte que ne le supposent ceux qui ne l'ont pas fait exécuter. Uu ouvrier ordinaire bêche facilement cent toises de terre par jour. La terre doit être renversée sans dessus dessous, sans être battue. Il est essentiel que le guéret soit à mottes pour que la gelée le pénètre plus profondément. Au retour de la belle saison, à l'instant où les choux se disposent à monter, on passe la houe à cheval entre les lignes. Cette façon, la dernière qu'on puisse leur donner avant la récolte, ameublit la terre en la nettoyant et produit sur les plants un effet merveilleux.

Le colza est bon à couper lorsque le tiers des siliques contient de la graine parfaitement noire. Les moissonneurs, munis de faucilles, commencent alors, dès la pointe du jour, à en scier les tiges, et les déposent avec précaution, par poignées, sur le terrain où on les laisse jusqu'à parfaite maturité de la graine. Peu de jours suffisent pour cela, si le temps est au beau. On doit cesser de couper aussitôt que la chaleur fait égrainer davantage le colza. Le jour de battre arrivé, on dispose, dans le champ même, un emplacement sur lequel on étend des baches, et voilà l'aire. Une petite charrette, attelée d'un cheval, et garnie à l'intérieur d'une bache, recueille les poignées de colza qu'y jettent les ouvriers, et les transporte à l'aire où elles sont battues avec des fourches de bois par ces mêmes ouvriers placés sur deux lignes et dont les derniers rejètent la paille hors de l'aire. La graine, passée dans un crible pour la séparer des siliques, est mise dans des sacs et transportée, chaque soir, dans le grenier. On la remue fréquemment, si la dessication n'est pas parfaite.

Culture de la Cameline.

Les agronomes ne sont pas d'accord sur la terre qui convient à la cameline. Les uns prétendent qu'elle se plait dans les sols maigres et calcaires, les autres, au contraire, qu'elle ne réussit que dans ceux riches et frais.

Dans l'incertitude où me jetaient des assertions si opposées, je résolus, il y a deux ans, de cultiver simultanément cette plante oléagineuse dans l'une et l'autre de ces espèces de terre. Le printems ayant été d'une sécheresse extrême, elle ne réussit nulle part; cependant elle rendit beaucoup plus dans l'argile-siliceuse que dans l'argile-calcaire. Je répétai mon expérience l'an dernier. Même température au printems: même résultat. Je me propose de renouveler mes essais aussitôt que je le pourrai.

Je pense au surplus que cette plante ne peut être regardée comme avantageuse que sous le rapport du remplacement d'une récolte manquée. A de l'avoine, de l'orge, du colza détruits par la gelée ou par toute autre cause, on substitue de la cameline et l'on retire un dédommagement honnête de ses frais de culture. Elle peut donc, dans bien des circonstances fâcheuses, offrir une ressource précieuse. Conservons-la donc pour nous en servir au besoin.

Sa graine n'a pas la même valeur que celle du colza. La différence dans le prix est habituellement d'un cinquième. La proportion dans le produit doit, ce me semble, être plus défavorable encore à la cameline.

Comme pour toutes les graines fines, la terre qui doit la recevoir doit être bien ameublie. On peut la semer jusques en juin avec espoir de succès.

On la récolte comme le colza et on l'égraine de la même manière.

****

DEUXIÈME PARTIE.

De l'élève et de l'entretien des animaux utiles.

Le système de culture suivi dans nos plaines est le principal obstacle à l'augmentation du nombre des bestiaux, et cependant c'est de cette augmentation que dépend celle des engrais dont le besoin se fait si fortement sentir et sans lesquels il n'y a pas d'améliorations possibles.

Les exploitations de notre contrée comprennent, communément 30 hectares (200 *boisselées environ*). Les trois quarts sont, chaque année, emblavés en céréales et le quart seul reçoit du fumier en quantité insuffisante ; car ce sont 4 mules, une jugement, 3 vaches et 50 à 60 moutons au plus qui doivent produire tout l'engrais. Encore, si ce petit nombre d'animaux était grassement nourri ; mais les moutons sont à la diète neuf mois de l'année, et les vaches, hors l'époque où elles parcourent les chaumes (*les buailles*), doivent se contenter de paille à laquelle il n'est permis d'ajouter un peu de foin qu'autant qu'il est de mauvaise qualité et que les mules le rebutent. C'est aux mules seules qu'est destinée la petite quantité de foin récolté dans les prairies naturelles de la ferme.

Les neuf dixièmes de nos exploitations présentent aujourd'hui le triste spectacle d'une telle pénurie. Les exceptions qui se font remarquer dans notre canton doivent être attribuées à l'établissement d'un Commice Agricole qui emploie avec zèle les moyens mis à sa disposition par le gouvernement, l'administration et ses propres membres pour exciter l'émulation des Agriculteurs et répandre la connaissance des procédés de la culture perfectionnée.

De la création des prairies artificielles et de la culture des plantes diverses propres à la nourriture des bestiaux, résulteraient l'augmentation du nombre de ces bestiaux, celle de la masse des engrais, et par suite de plus abondantes récoltes. Cet enchaînement est inévitable.

Vous avez journellement sous les yeux, mes chers enfants, le résultat de l'application de cet excellent système. Mes bestiaux, quoique plus nombreux qu'autrefois, reçoivent toute l'année une abondante nourriture.

Je n'hésite pas à vous dire que ne nous trouvant pas dans la catégorie des pays herbagers, nous devons principalement considérer les animaux de nos fermes comme producteurs d'engrais et comme agens d'un travail d'autant plus facile et d'autant moins fatiguant pour eux qu'ils sont plus nombreux.

Cette manière de voir est justifiée par les habitudes de notre commerce, par la nature de notre sol et par celle de nos travaux.

C'est à l'élève des mules, des vaches et des moutons qu'il faut s'attacher dans notre contrée. Les chevaux ne peuvent entrer qu'accidentellement et en faible proportion dans ce genre d'industrie, faute de pâturages commodes où les élèves puissent être nourris pendant les deux premières années de leur vie, avant d'être retirés à l'écurie.

Des Juments Poulinières et des Mules.

En conséquence une exploitation moyenne de 30 hectares, par exemple (200 *boisselées*), devrait entretenir 4 jumens poulinières qui donneraient annuellement, au moins, deux suites en mules ou mulets. Ces juments, bien nourries et bien soignées, ne resteraient point oisives. Un travail régulier et peu fatigant, loin d'occasionner un dérangement dans leur santé, exciterait leur appétit, faciliterait leur digestion et les maintiendrait dans un état satisfaisant. C'est une erreur de croire que les juments poulinières ne puissent travailler sans danger lorsqu'elles sont pleines. L'avortement n'est jamais plus commun que chez celles qui pacagent toute l'année sans faire aucun travail.

Plusieurs harras bien montés existent maintenant dans le pays. Celui de Saint-Juire se fait surtout remarquer par le choix de ses baudets. Nous pouvons donc nous affranchir du tribut que nous payons depuis si long-temps à nos voisins des Deux-Sèvres, qui nous vendent chèrement des gitonnes sur lesquelles nous faisons de rares profits. Les mules qui naîtraient dans nos écuries ne vaudraient pas moins que les leurs, si nous leur donnions pour mères de fortes juments de nos marais ou de ceux de la Bretagne.

Les qualités qui distinguent la jument mulassière sont: une taille de 8 à 10 pouces au moins. — Le corps long, vaste, profond. — La côte arrondie. — La croupe large. — Les hanches écartées. — Le poitrail bien ouvert. — L'aplomb parfait des 4 membres. — De fortes articulations. — Les bras et les jarrets larges. — Les muscles des cuisses surtout bien prononcés. — Le paturon court et beaucoup de poils aux jambes. — La forme de la tête et celle de l'encolure sont de peu d'importance. C'est à la force de la charpente osseuse et à l'aplomb des membres qu'il faut principalement donner son attention.

Au moyen de cette quantité de juments poulinières auxquelles seraient jointes 4 mules de travail et 2 élèves, tous les travaux de la ferme se feraient avec la plus grande facilité: les fumiers doubleraient pour le moins, car la nourriture serait abondante, bien réglée et toujours prise à l'écurie, et il y aurait annuellement vente de deux mules d'âge remplacées par les 2 élèves nés dans l'écurie.

A 18 mois la mule commence à travailler sans aucun inconvénient pour sa santé. Cet animal réunit tant de précieuses qualités qu'on ne peut songer à le remplacer par aucun autre dans les lieux où l'on a l'habitude de s'en servir. Intelligent, sobre, adroit, actif, robuste, dur au travail, peu sensible à la chaleur, il a encore sur les chevaux l'avantage d'être moins qu'eux sujet aux maladies et d'engraisser beaucoup plus vite. Élevons donc des mules. Le moyen que je viens d'indiquer est le meilleur que je connaisse : il procure à la fois travail, engrais, commerce et augmentation dans les produits de la culture.

Des Vaches.

Passons maintenant à la marcarerie.

Quatre vaches à lait, 2 génisses d'un an et 2 élèves de l'année ne sont pas de trop dans une exploitation de cette étendue. Mais, dira-t-on, comment pourvoir à la nourriture d'une telle quantité d'animaux ? La réponse est facile. La jachère ayant disparu, la sole qu'elle occupait est remplie de lupuline, de trèfles rouge et incarnat, de maïs, de moha, de vesces, de sarrasin, de rebbes, de choux, de disettes et de pommes de terre. Que de richesses dans vos mains dont vous êtes maîtres de disposer ! Vous pouvez donc, j'en ai la certitude, puisque c'est ce que je fais, entretenir facilement ce nombre de bêtes à cornes.

Deux vaches seront annuellement destinées à l'allaitement des veaux, pendant les premiers mois de leur jeunesse. Je n'oserais conseiller les méthodes préconisées par certains agronomes qui veulent qu'on enlève, dès leur naissance, les veaux à leurs mères pour leur donner une nourriture factice au moyen de laquelle on peut disposer de la plus grande partie du lait. Reste à savoir si cette économie n'est pas payée plus cher qu'elle ne vaut, et si elle compense les peines qu'elle oblige de prendre ! Dans l'ordre de la nature, la mère doit nourrir son enfant, et celui-ci s'en trouve toujours bien. — Les deux vaches qui n'ont pas de veaux à allaiter suffiront aux besoins du ménage jusqu'au sevrage des deux élèves, qui peut sans inconvénient s'effectuer à l'âge de 3 mois.

On doit tenir le plus long-temps possible les bêtes à cornes au vert. Nourries de la sorte, les vaches donnent beaucoup plus de lait et elles se maintiennent en bien meilleur état que si elles prenaient une nourriture sèche. Avec notre système de culture il est facile de les entretenir ainsi pendant le printems, l'été et l'automne, puisque nous avons abondance et succession non interrompue de végétaux, depuis mars, où commence l'effeuillaison des choux verts, jusqu'en novembre, époque du pâturage des luzernes et des prairies naturelles. — L'hiver on tempère l'ardeur des fourrages secs par l'administration journalière, à la fin de chaque repas, d'une certaine quantité de raves (*rebbes*), de disettes ou de pommes de terre coupées par tranches. Ce régime leur convient parfaitement et les conduit à la fin de la saison rigoureuse tout aussi fraîches que si elles n'avaient pas quitté de gras pâturages. Leur fumier, très-imprégné d'urine, est gras, onctueux et infiniment plus abondant que si elles avaient été nourries simplement à la paille, ainsi que cela se pratique dans les lieux où n'est pas encore introduite la culture des plantes fourragères et légumineuses.

Il en est des élèves en veaux comme de tous les jeunes animaux en général, leur crue est d'autant plus prompte que leur nourriture est mieux choisie et que les soins qu'on leur donne sont mieux entendus. Des repas réguliers, une boisson souvent renouvelée dans des auges entretenus bien propres, et une litière fraîche et abondante contribuent puissamment à l'activité de leur développement. Ces soins regardent habituellement les femmes de la ferme, qui ne peuvent trop se pénétrer de leur nécessité.

S'il ne survient pas d'accidents imprévus, l'on pourra vendre, chaque année, une vache d'âge et une génisse de 2 ans.

Il est même possible d'engraisser, de temps à autre, une vache pour la boucherie. Les moyens employés par les métayers du Bocage, qui se livrent à l'engraissement des bœufs, sont on ne peut plus convenables pour celui des vaches. Ils consistent à donner à l'animal une nourriture succulente, variée et du meilleur foin pour l'exciter à boire. Le sel mêlé aux aliments produit aussi un excellent effet. On doit cesser de traire les vaches qu'on veut soumettre à ce régime. L'obscurité et une grande tranquillité accélèrent leur engraissement en favorisant le sommeil et le repos. Il est donc à propos de les isoler et de les placer dans le lieu le moins éclairé de l'étable.

Dans les pays où l'agriculture a atteint un haut point de perfection, les diverses races de bestiaux ont attiré l'attention des hommes instruits, aptes à apprécier l'importance de cette branche de l'industrie agricole. Il en est qui ont employé leur vie toute entière et une grande portion de leur fortune en essais et en recherches pour atteindre le plus haut point de perfectionnement des races indigènes. Les anglais, surtout, nous fournissent de nombreux exemples de cette patience et de ce désintéressement. C'est un acte de patriotisme digne des plus grands éloges et auquel leur agriculture est redevable de sa haute prospérité. La partie de la Vendée que nous habitons aurait grand besoin d'entrer dans cette voie de progrès si heureusement parcourue par nos voisins d'outre mer. Le Comice de notre canton l'a bien senti, puisqu'il a établi des primes d'encouragement pour les plus beaux animaux de toute espèce, destinés à la reproduction dans la contrée. Espérons que l'intérêt mieux éclairé de nos propriétaires et Agriculteurs, et cette vive émulation qui résulte toujours des luttes des concours publics amèneront d'ici, à peu d'années, des améliorations graduelles et sensibles dans nos races de bestiaux. Il y a urgence pour celle des vaches de la Plaine auxquelles, en général on ne peut s'empêcher de reprocher des vices de formes majeurs et l'absence des qualités essentielles sous le rapport du produit.

Des Moutons et Brebis.

Me voici arrivé, mes chers enfants, à vous entretenir de l'industrie la moins avancée, la plus entravée et cependant la plus productive si elle était débarrassée des obstacles qui la paralysent. Vous devinez, je pense, que je veux vous parler de nos malheureux moutons.

Le parcours et la jachère ont posé des bornes infranchissables à cette industrie à laquelle ne se livrent que par habitude nos fermiers même les plus clairvoyants. Acheter dans les foires des moutons de 2 à 3 ans pour les revendre au boucher 1 ou 2 ans après, est leur unique spéculation. Les accidents, les maladies et la mort établissent d'ordinaire la balance entre le profit et la perte, s'ils ne la font pencher vers celle-ci. D'un autre côté, la laine et le fumier sont chèrement achetés par les gages du berger, par sa nourriture, celle de ses chiens et par l'entretien du parc. Pourquoi donc persister dans un mode de spéculation si peu lucratif? Je l'ai déjà dit : le parcours y oblige. Qu'on le fasse cesser par la suppression de la jachère, et aussitôt ce mode sera abandonné et remplacé par un meilleur. Il y a même lieu de croire qu'alors l'amélioration de notre race ovine, dont le besoin est si généralement senti, ne se ferait pas long-temps attendre. Nos Agriculteurs se feraient probablement éleveurs et remplaceraient leurs moutons à laine grossière par des brebis choisies dans les meilleures races du pays, auxquelles ils donneraient des béliers de race pure. De leur accouplement proviendraient des agneaux métis dont on conserverait les femelles, et, d'année en année, en se défaisant, avant la monte, des plus vieilles brebis, la race se remonterait sans dépenses ni déboursés nouveaux. Ainsi se réaliseraient les vœux des hommes qui ont à cœur les progrès de cette branche, jusqu'à ce jour si infertile, de l'industrie agricole de notre pays, et qui gémissent de voir ces progrès impossibles tant que durera l'empire de nos vicieux usages.

Au nombre des maux qui affligent nos possesseurs de bêtes à laine, il faut aussi compter l'obligation de confier à des enfants auxquels manquent les premières notions des devoirs du berger, le soin de conduire leurs troupeaux. Assez de force pour faire le parc semble être l'unique qualité qu'on exige d'eux. Que les moutons vivent bien ou mal dans la sole de jachère, le berger n'y peut rien : sa responsabilité est couverte. Il n'est tenu qu'à les y laisser errer jusqu'au moment de les rentrer au parc. Il emploie les moments d'une surveillance si facile à jouer avec ses camarades, à faire battre ses chiens avec les leurs, à creuser les chemins avec sa houlette pour occasionner des accidents aux voyageurs, et souvent à comploter ou à exécuter de hardis coups de main sur tel champ ou tel verger offrant quelque appât à sa gourmandise. C'est pour ce jeune garçon l'école du vice et de l'immoralité. L'élève des moutons ferait nécessairement cesser un tel état de choses, car il exigerait de la part du berger des soins attentifs et de tous les instants.

Si jamais, mes enfants, vous entreprenez de vous y livrer, songez que cette industrie ne vous sera profitable qu'autant que vous remplirez avec intelligence les conditions qu'elle impose, et qui consistent à placer les animaux dans une bergerie vaste et bien aérée au moyen de nombreuses ouvertures pratiquées en haut et en bas des murailles pour que l'air puisse se renouveler facilement. La santé des bêtes à laine dépend beaucoup de la pureté de l'air qu'elles respirent. Des rateliers peu élevés, accompagnés d'auges dans toute leur longueur, seraient établis au centre de la bergerie pour recevoir la nourriture qui se composerait, selon la saison, de fourrages secs tels que lupuline, trèfle, foin de bonne qualité, son, farine d'orge ou d'avoine, avoine en grain, etc., ou de quelques-unes de ces mêmes plantes en vert auxquelles se joindraient encore, au printems et en été, le méteil (*coupage d'orge et de froment*), la vesce, le chou, le maïs et le moha.

L'humidité du sol ainsi que celle de l'atmosphère étant très-nuisible même aux bêtes adultes, l'on doit en préserver soigneusement le troupeau. Les agneaux seraient donc tenus au toit par les tems pluvieux. Les brebis ne resteraient jamais non plus exposées à la pluie et recevraient à la bergerie la nourriture qu'elles ne pourraient prendre aux champs. Cependant on profiterait de tous les instants favorables pour les conduire au pacage avec leurs agneaux, ne fût-ce que pour procurer à ceux-ci un exercice salutaire et propre au développement de leurs forces.

Ces moyens hygiéniques (*qui conservent la santé*), doivent être rigoureusement observés si l'on tient à faire de bons élèves et à voir réussir les portées.

Il est évident que pour entretenir convenablement, pendant toute l'année, de nombreux bestiaux sur une faible exploitation, une forte portion du sol doit être consacrée à la production des plantes fourragères et légumineuses.

En traitant des assolements, ce que je vais faire tout à l'heure, je vous ferai connaître la quantité d'animaux qu'il est possible de nourrir dans une ferme de 30 hectares (200 *boisselées*), sans occasionner de diminution dans les récoltes de céréales.

TROISIÈME PARTIE.

Des Systèmes de culture et de la Gestion du domaine.

DE L'ASSOLEMENT.

Ce mot vous serait sans doute inconnu, mes enfants, comme il l'est à la plupart des habitans de nos campagnes, si vous ne me l'entendiez prononcer chaque jour. Il signifie *l'art de faire succéder une culture à une autre, d'après certaines règles.*

Un assolement est bon, rationnel, si les récoltes successives qu'on en obtient sont abondantes, sans que la terre perde de sa fertilité ; et il est d'autant plus mauvais qu'elle est plus tôt arrivée à un épuisement qui la force au repos.

Ce n'est donc pas sans raison que la commission administrative de notre Comice a proclamé dans son Petit-Manuel que la science de l'agriculture est toute dans l'intelligence des assolements. Rien n'est plus vrai, et je vous le prouverai aussi moi par des faits qui m'appartiennent.

Un assolement ne peut être irrévocablement arrêté qu'après de sérieuses méditations. Le hazard est aveugle et déciderait mal de ce qui convient à chaque champ. Il n'est pas indifférent de placer une plante épuisante après une plante de même nature. Une semblable bévue coûte toujours cher.

L'Agriculteur qui a les premières notions de son art sait que les plantes se divisent en épuisantes et en améliorantes ou restaurantes ; qu'ainsi la prudence et le bon sens veulent qu'une restaurante succède à une épuisante. Que pensez-vous qu'il arrivât, mes enfants, si ayant invité le père Aubry, que vous savez qui mange bien, à venir prendre sa part de notre modeste dîner, le voisin Bobinet, dont la réputation de gourmand est justement établie, venait, sur la fin du repas, se joindre sans façon à nous ? Oh ? certainement, le voisin Bobinet aurait fait maigre chère, et il ne faudrait pas compter sur les restes pour le souper. Notre table frugale, ce sont nos champs, et nos deux grands mangeurs, les plantes épuisantes.

L'organisation d'une exploitation rurale n'est pas, croyez le bien, une petite affaire : Il y faut de la tête, du jugement, une prodigieuse activité et des connaissances pratiques étendues. Classer ses terres selon leurs qualités : affecter à chaque classe les plantes qui lui conviennent : répartir le travail de toute l'année de manière à ce qu'il ne s'accumule pas sur une ou deux saisons seulement : régler la distribution des engrais pour que chaque culture en reçoive une quantité suffisante ; telles sont les difficultés qu'il faut résoudre, et ces difficultés ne sont pas ce que beaucoup de gens les supposent.

Dans une exploitation de 30 hectares (200 *boisselées*), par exemple, où l'on aurait à entretenir 4 juments poulinières, 4 grandes mules, 2 gitonnes et 4 vaches à lait, 2 genisses de deux ans et 2 de l'année ; ou bien 40 brebis avec leurs agneaux, 2 juments poulinières, 4 mules, une gitonne et 3 vaches à lait, 2 élèves dont 1 de deux ans et 1 de l'année, il ne faut pas perdre de vue la nécessité d'assurer la subsistance de ce nombreux bétail. Le tiers des terres au moins doit être affecté aux prairies artificielles et aux légumes. Les deux autres tiers le seraient aux céréales et aux plantes oléagineuses.

Je répartis ainsi ces cultures:

Froment.	50 B.ées	125 b.
Orge d'automne (*Méture*).	20	
Orge de mars (*Baillarge*).	40	
Colza repiqué.	15	

Report. . . .		125 b.
Luzerne.	15	63
Trèfles divers, lupuline, vesces, sainfoin.	40	
Pommes de terre, disettes.	8	
Le maïs, les choux, le moha, le sarrazin, les haricots, le lin, les semis de colza occuperaient.		12
Total.		200 b.

Il n'existe pas, vous le voyez, sur toute l'étendue de cette exploitation, un seul pouce de terre qui ne soit cultivé et qui ne produise. Divisée de la sorte et dans cette proportion entre les plantes destinées à la nourriture des bestiaux et celles affectées à d'autres usages, il y a certitude d'y récolter, chaque année 50,000 kilogrammes de fourrages artificiels. Je ne comprends point dans ce calcul le produit des prairies naturelles qui varie selon la quantité de prés attachés au domaine, mais on peut encore évaluer à 6000 kilogrammes les pailles d'orge, de baillarge, les courtes-pailles et bales des différentes espèces de céréales.

Je vais à l'instant démontrer qu'au moyen de l'assolement alterne, c'est-à-dire de l'assolement qui proscrit le retour d'une plante épuisante sur une plante de même nature, non seulement la terre n'a pas besoin de se reposer, mais que même elle acquiert annuellement un plus haut degré de fertilité.

J'oubliais de vous dire à quelles classes appartiennent les plantes que nous cultivons ici.

Parmi les épuisantes sont, 1.° toutes les céréales, et dans l'ordre suivant : *Le Froment.* — *Le Seigle.* — *L'Orge d'automne.* — *L'Orge de Mars.* — *et L'Avoine.*

2.° Les oléagineuses, *Le Colza.* — *La Cameline.*

On comprend parmi les améliorantes ou restaurantes, *Les trèfles divers.* — *La Luzerne.* — *Les vesces et en général toutes les plantes qui étouffent l'herbe ou qui, étant fauchées avant leur maturité, ne laissent pas à celle-ci le temps de grainer.*

Je ne crois pas qu'il y ait un meilleur moyen de démontrer la supériorité de l'assolement alterne sur tout autre, et notamment sur celui du pays, que de présenter le parallèle consciencieux des produits moyens de l'un et de l'autre dans chaque nature de terre.

Commençons par les terres argilo siliceuses, dites grosses terres, terres douces, terres froides, et opérons sur une seule boisselée (15 *ares* 20 *centiares*).

Cette espèce de sol ayant plus que tout autre la faculté de produire en abondance le chiendent, les faux raiforts (*les riffles*); le pavot, l'avoine folle, le gerzeau (*la vesce sauvage*); la patience, la petite oseille, et une foule d'autres plantes nuisibles, nos meilleurs Cultivateurs ont cru ne pouvoir mieux faire pour combattre avec avantage les envahissements de ces mauvaises plantes que de soumettre ces terres à un assolement qui permît de leur donner de nombreuses façons. Ils alternent à cet effet le froment avec la jachère. Parfois, mais rarement, ils font suivre le froment par de l'avoine ou par de la vesce.

Faisons un assolement de huit années pour réunir les chances les plus favorables à l'un comme à l'autre système, et prenons la terre à la jachère.

ASSOLEMENT DU PAYS DANS LES SOLS ARGILO-SILICEUX (*Grosses Terres.*)

1.re ANNÉE.	Jachère.	»»	»»
2.e	Froment produisant 10 b.x à 3 fr. 33 c. le boisseau.	33	30
3.e	Vesce produisant 750 kil. à 15 fr. les 500 kil.	22	50
4.e	Froment produisant 10 boisseaux. . . .	33	30
5.e	Jachère.	»»	»»

A Reporter. . . . 89 10

		fr.	c.
	Report. . . .	89	10
6.e	Froment produisant 10 boisseaux. . .	33	30
7.e	Avoine produisant 15 b.x à 1 fr 25 c. le boisseau.	18	75
8.e	Jachère	»»	»»
	Total du produit brut. . . .	141	15

FRAIS DE CULTURE.

	fr.	c.
Les 3 années de jachère recevant 3 labours chacune, à raison de 2 fr. par labour	18	»»
Les 2 années de vesce et d'avoine, un seul labour pour chaque . . . . , .	4	»»
La fumure du froment, pour 3 années, à 5 fr. la charretée	15	»»
La semense des trois années de froment, à 3 fr. 33 c. le boisseau.	9	99
La semence de la vesce à 2 fr. 50 c. le b.au (2 b.x)	5	»»
La semence de l'avoine à 1 fr. 25 le boisseau . . .	1	25
Sarcle des 4 années de blé, à 1 fr. par année . . .	4	»»
Récolte au 9.e des 30 b.x de froment (3 b.x 1/3.) .	14	43
Récolte au 9.e des 15 b.x d'avoine (1 b.au 2/3.) . .	2	»8
Récolte des 750 kilogrammes de vesce	1	50
Total des frais	75	25

Des 141 fr. 15 c., total du produit brut
retranchant. . . 75 25 , total des frais,

il reste . . . 65 90 de produit net qui, répartis sur 8 années, donnent pour chaque année. 8 23

ASSOLEMENT ALTERNE OU NOUVEAU DANS LES SOLS ARGILO-SILICEUX (*Grosses Terres.*)

		fr.	c.
1.re Année.	Colza produisant 10 b.x à 5 fr. le b.au.	50	»»
2.e	Trèfle rouge produisant 750 kilog.es à 15 fr. les 500 kilogrammes	22	50
3.e	Froment produisant 10 b. à 3 f. 33 c. le b.	33	30
4.e	Pommes de terre produisant 30 hectolitres à 1 fr.	30	»»
5.e	Avoine prod. 20 b.x à 1 fr. 25 c. le b.x .	25	»»
	A Reporter. . .	155	80

	Report. . .	155 80
6.e	Vesce produisant 750 kilog.es à 15 fr. les 500 kilogrammes.	22 50
7.e	Colza	50 »»
8.e	Froment	33 30
	TOTAL du produit brut	266 60

FRAIS DE CULTURE.

Année	Culture	Détail	fr.	c.	Total
1.re ANNÉE.	Colza . .	3 labours à 2 fr. chaque.	6	»»	23 »»
		Une charretée de fumier. . . .	5	»»	
		Plantation	4	»»	
		Bêchage avant l'hiver	4	»»	
		Houage au printems et récolte	4	»»	
2.e	Trèfle . .	Semence, 3 livres à 50 cent. .	1	50	4 5
		Récolte de 2 coupes.	3	»»	
3.e	Froment	Un seul labour sans fumier. .	2	»»	10 0
		Semence	3	33	
		Sarcles.	1	»»	
		Récolte au 9.e, (1 b.au 1/3.)	3	70	
4.e	Pommes de Terre.	Deux labours.	4	»»	11 5
		Semence et plantation	2	50	
		Hersage, houage, buttage. .	1	»»	
		Récolte.	4	»»	
5.e	Avoine. .	Un labour	2	»»	7 0
		Semence.	1	25	
		Sarcles.	1	»»	
		Récolte au 9.e (2 b.x 2/3.) . .	2	79	
6.e	Vesce . .	Un labour.	2	»»	8 5
		Semence, 2 b.x à 2 fr. 50 c..	5	»»	
		Récolte.	1	50	
7.e	Colza				21 »
8.e	Froment fumé				15
		TOTAL des frais			100

De 266 fr. 60 c., total du produit brut,
retranchant. . . 100 60, total des frais,

il reste . . . . . 166 »» de produit net qui, répartis sur 8 années, donnent, pour chaque année, 20 f. 75 c., somme qui l'emporte, sur celle produite par l'assolement du pays, de 12 fr. 52 c.

Ainsi dans une exploitation comme la nôtre, où

nous emblavons annuellement 20 boisselées de terre de cette espèce en froment, voilà de suite une différence de plus de 250 francs en faveur du nouvel assolement. Ajoutez-y la certitude d'améliorer la terre par les bons soins que reçoit chaque culture et par l'attention de placer toujours les céréales entre des plantes d'une autre espèce.

Ne vous étonnez point que j'aie porté 5 boisseaux de plus à l'avoine de l'assolement alterne qu'à celle de l'assolement du pays. Dans ce dernier, elle est placée après le froment, trouve la terre fatiguée et produit habituellement moins de 15 boisseaux. Je me suis tenu, je vous assure, au-dessous de la vérité en fixant à 20 boisseaux celle de l'assolement alterne.

Je vous ai déjà dit que notre contrée ne présente pas de terres purement argileuses. Celles que nous appelons ainsi contiennent toujours un certain melange de calcaire. De la proportion de ce calcaire résultent des nuances nombreuses pour chacune desquelles il serait impossible de créer un assolement particulier. On les comprend toutes sous le terme générique d'argilo-calcaires, et on les traite de la même manière.

ASSOLEMENT DU PAYS DANS LES SOLS ARGILO-CALCAIRES (*Fortes Grois.*)

1.re Année.	Jachère	»	»
2.e	Froment, sur 3 labours, fumé, produisant 9 boisseaux à 3 fr. 33. cent.	29	97
3.e	Orge, sur un labour, prod. 10 b.x à 1 f. 66 c.	16	60
4.e	Orge de mars (*baillarge*) *id.*, 7 b.x a 1 f. 75 c.	12	25
Les 5.e 6.e 7.e et 8.e, étant la répétition des 4 premières,	donnent une somme égale de.	58	82
	Total du produit brut des 8 *années.* .	117	64
Les frais divers, calculés comme dans le précédent assolement, s'élèvent à.		61	88
Reste donc de produit net, pour les 8 années.		55	76
Où pour chaque année.		6	97

ASSOLEMENT ALTERNE OU NOUVEAU DANS LES SOLS ARGILO-CALCAIRES. (*fortes grois.*)

1.re Année.	Trèfles incarnat, prod. 600 k. à 15 f. les 500 k.	18	»»
2.e	Froment, sur un seul labour, fumé, prod. 9 b.x à 3 fr. 33 cent.	29	97
3.e	Jarousse, 1 labour, prod. 600 k. à 15 f. les 500 k.	18	»»
4.e	Orge de mars, 2 labours, prod. 10 b.x à 1 f. 75 c.	17	50
5.e	Trèfle rouge, prod. 750 k. à 15 f. les 500 k.. . .	22	50
6.e	Froment, sans fumier, 1 labour, prod. 10 b.x.	33	30
7.e	Colza, fumé, sur 2 labours, planté en lignes, bêché avant l'hiver, houé au printems, prod. 10 b.x à 5 fr. le boisseau	50	»»
8.e	Orge d'automne, 1 seul labour, hersé au printems, prod. 15 b.x à 1 fr. 66 c.	24	90
	TOTAL du produit brut	214	17
	Les frais, calculés comme dans le précédent assolement, s'élèvent, pour les 8 années, à.	78	81
	Reste de produit net	135	36
	Ou pour chaque année.	16	92

L'assolement du pays, quoique calculé au plus haut, n'ayant donné de produit net, pour chaque année, que. . , .	6	97
L'assolement nouveau l'emporte sur lui de.	9	95
Or, dans l'exploitation que nous avons prise pour exemple, il y a au moins 60 boisselées de cette catégorie emblavées de la sorte ; la différence, dans le produit de l'assolement alterne, serait donc annuellement, en plus, d'environ. ,	600	»»

De tels résultats parlent assez haut. Il ne peuvent être contestés, car ils sont basés sur des évaluations si modérées, tant pour les quantités que pour les prix des produits, qu'aucun Cultivateur ne peut douter de la possibilité d'en obtenir de semblables.

Je vous préviens cependant, mes chers enfants, que le colza réussit mal dans celles de ces terres où l'argile domine trop, de même que dans celles éminemment calcaires, et cela à cause de la trop grande humidité des premières et du défaut de cohésion et de fraîcheur des secondes.

N'allez pas vous imaginer qu'en vous présentant ce tableau flatteur de la supériorité des nouveaux procédés sur les anciens, je me sois laissé aller à un enthousiasme uniquement puisé dans la lecture des ouvrages de nos agronomes théoriciens. Ce sont les propres faits de ma culture que je vous ai mis sous les yeux. Vous pouvez y ajouter foi entière et marcher sans crainte, lorsque vous cultiverez vous-mêmes dans la voie que vous me voyez suivre avec constance et satisfaction. J'ai même, je vous assure, affaibli à dessein le rendement de plusieurs cultures dans le tableau de l'assolement alterne, et enflé un peu celui de l'assolement ancien. La vérite eût pu vous paraître invraisemblable, et avant tout j'ai voulu être cru. Croyez-moi donc.

Assolement des terres calcaires.

Il me resterait à vous offrir un exemple d'assolement des terres calcaires, c'est-à-dire de celles qui contiennent peu ou point d'argile ; mais il suffit que je vous dise que de telles terres, reposant sur un pavé horizontal qui laisse promptement filtrer la pluie, et étant dépourvues d'humus, elles se dessèchent aux premières chaleurs. Le froment y trouve par conséquent peu de nourriture, ne talle pas et y épie mal. L'on peut affirmer que les frais de culture qu'elles occasionnent dans l'assolement du pays ne sont pas couverts par les produits. L'on ne peut faire rien de mieux que de les tenir aussi long-temps que possible en sainfoin, et le sainfoin rompu ; d'alterner les blés avec la jarousse, la lupuline et le trèfle incarnat en éloignant de plus en plus le retour du froment.

A la première inspection des tableaux de l'assolement alterne, l'on s'apperçoit que la nourriture des bestiaux est la préoccupation dominante du Cultivateur ; mais ce qu'il y a d'admirable et d'heureux dans ce système, c'est que l'homme n'y trouve pas moins son compte que les bestiaux. Ceux-ci ne peuvent être bien nourris sans qu'il y ait abondance d'engrais, et par conséquent fertilisation du sol et augmentation des produits. Créons donc force prairies artificielles.

La disposition du sol en planches plates ou légèrement bombées est la plus commode pour cette culture : elle ne présente d'ailleurs aucun inconvénient et réunit tous les avantages des prairies naturelles pour la fauche, le ratelage et le chargement des charettes. Moquez-vous des craintes puériles des hommes partisans du billon de 3 pieds, qui croiraient compromettre leur récolte s'ils tenaient leurs terres en planches, comme je fais, bien que depuis 15 ans, et notamment cette année, l'une des plus pluvieuses qu'on ait jamais vues, je n'aie pas perdu la valeur d'une gerbe de blé par les eaux, et que ma récolte ait été l'une des plus satisfaisantes de la contrée.

DES ANGRAIS ET AMENDEMENTS.

Dans les grandes cités, où il se fait une consommation considérable de bestiaux, des hommes versés dans la connaissance des procédés chimiques ont eu l'heureuse idée d'utiliser, au profit de l'agriculture, le sang, les os, les chairs et jusqu'aux entrailles des animaux transportés autrefois dans des voiries où ils entraient en putréfaction et devenaient pour les habitans des lieux voisins une cause permanente de maladies graves.

Chaque jour apporte à notre Comice des annonces d'engrais sous différents titres. Le noir animal est celui qui jouit ici de plus de réputation. Les habitans de notre Bocage l'emploient avec avantage, principalement pour leurs verts. On lui attribue une grande énergie, et pour cette raison j'en ai fait l'essai dans nos terres argilo-siliceuses, qui sont les plus froides que nous ayons, concurremment avec de la cendre de marais et du fumier de bestiaux. A mon grand étonnement, l'effet en a été peu sensible, quoique je ne l'eusse pas ménagé. L'avantage est resté à la cendre et au fumier, entre lesquels je n'ai pas reconnu de différence. Il y a lieu de penser que la fraude dont sont accusés depuis quelque temps les marchands de noir est la vraie cause de l'inefficacité de celui que j'ai employé. Mon essai n'est donc pas concluant: je me propose de le recommencer. Je pense cependant que le fumier de bestiaux doit être préféré à tout autre engrais dans les sols comme les nôtres.

La cendre de Marais n'est malheureusement pas plus exempte que le noir de falsification. Elle est fréquemment mélangée de terre qui en atténue l'action. J'en ai fait usage dans du colza et en ai été fort satisfait. Cet engrais a l'avantage d'être pur de graines de plantes nuisibles, d'être facile à transporter et à répandre, et convient principalement dans les terres argilo-siliceuses très-malpropres.

Une découverte bien extraordinaire vient d'être faite par un Agriculteur du midi de la France pour la formation, dans un petit nombre de jours, de fumier d'excellente qualité, avec des plantes de toute espèce que l'on réunit en tas, après les avoir arrosées d'une lessive dont la composition est le secret de l'auteur, M. Jauffret. Ce procédé résoudra, pour les pays où les végétaux inutiles abondent, un problème dont résulteront infailliblement des améliorations agricoles incalculables. Mais dans notre contrée, où nous ne pourrions employer que nos chaumes souvent si rares et si utiles pour la litière de nos bestiaux, quel avantage retirerions nous de cet engrais? Si, comme l'annonce M. Jauffret, sa lessive convertit la terre la plus infertile en excellent terreau, oh! alors, nous aurions aussi, nous, à offrir à M. Joffret le tribut de notre reconnaissance. Attendons la divulgation de son secret : elle ne peut se faire long-temps attendre. Jusques là appliquons-nous à former de bons fumiers avec nos bestiaux, et suppléons à leur insuffisance par des engrais végétaux qui, sans être aussi puissants que les autres, produisent cependant des effets très-sensibles. On les obtient en semant des trèfles, du sarrasin, du moha, etc., etc., dans des guérets préparés convenablement et en enfouissant ces plantes avant l'emblavaison du sol qu'elles occupent.

La culture du colza s'etant propagée dans notre canton, la construction d'un moulin à huile à Sainte-Hermine en a été la conséquence. Nous allons donc être bientôt à même d'employer les résidus du colza comme engrais et comme nourriture, si l'industriel, propriétaire du moulin, nous les livre à un prix raisonnable. J'ai fait usage de cette substance en la répendant au mois de février sur des blés languissants. Elle a procuré à la végétation des plantes souffrantes une activité évidente, et les a fait passer de la couleur jaune qu'elles avaient à celle du vert foncé. Je vous la recommande pour tous les cas analogues à celui-ci, de même que pour toutes les cultures en lignes, qui demanderaient au printems un supplément d'angrais.

L'arrangement et la disposition des fumiers ne sont chez nous l'objet d'aucun soin particulier. Habituellement placés sur le bord des rues ou des chemins, ils s'y égoutent, et leur suint est entraîné au loin, et souvent en pure perte, par les eaux pluviales. — Un autre usage non moins fâcheux vient ajouter à la déperdition de ces sucs fertilisants. L'on étend, dans ce qu'on appelle les rues de la ferme, une bonne partie des chaumes (*buailles*) pour les y faire pourrir. Arrivés à un certain état de décomposition, ils sont transportés sur le fumier pour accroître sa masse et prendre le nom de bon engrais animal. — Quelles sont les dupes d'une pratique si vicieuse? Les Cultivateurs eux-mêmes, puisque les plantes auxquelles ils ont cru porter un engrais chargé de sels fertilisants n'en ont réellement reçu qu'un maigre et impuissant.

Il y a donc encore ici une réforme utile à opérer : elle consisterait à placer les fumiers dans des lieux moins élevés que le sol environnant, pour empêcher l'écoulement et la déperdition du suint ; et, si la disposition du terrain ne permet pas cette espèce d'encaissement, à creuser auprès du fumier un réservoir destiné à receuillir l'égout du suint. On puiserait avec des sceaux ce suint et on le répandrait également sur le fumier, toutes les fois que le réservoir se remplirait. Cette opération faciliterait la fermentation des différentes couches du fumier en les pénétrant toutes d'une égale quantité d'urine.

Amendements.

L'amendement des terres occupe une place très-importante dans l'économie rurale, et cependant notre contrée est encore à en faire l'application.

J'ai beaucoup désiré essayer la marne dans mes différentes espèces de sols ; mais mes recherches pour découvrir, autour de chez moi, un banc de ce minéral ont été infructueuses.

Convaincu de l'efficacité de la chaux dans nos terres argilo-siliceuses, froides de leur nature, j'ai toujours projeté d'en faire l'essai et ai constamment été arrêté par la cherté de cette substance et par l'éloignement de nos fours à chaux qui en rendraient l'emploi en grand très-dispendieux.

En examinant attentivement les parties constitutives de mes différents sols, j'ai reconnu dans quelques-uns *excès* et dans quelques autres *défaut* de calcaire. Etablir dans les uns et les autres la proportion où ce minéral doit entrer pour les assimiler aux terres bien composées, m'a semblé une opération digne de fixer mon attention. Si le travail qu'elle exige est pénible, il n'est pas du moins inexécutable. J'en ai fait l'expérience en transportant des terres argilo-siliceuses sur des sols calcaires manquant de profondeur, et réciproquement. C'est surtout sur les calcaires que l'amélioration est promptement sensible. Ils passent aussitôt à une classe supérieure et s'y maintiennent toujours. Je vous exhorte, mes enfants, a vous rappeler de ce mode d'amélioration pour le mettre en pratique aussi, vous. Je vous recommande également un travail non moins fructueux, celui qui a pour but de restituer aux terres des côteaux l'humus dont les eaux pluviales les ont dépouillées en l'entraînant au fond des valons où il est une superfluité. Ne négligez pas non plus l'épierrement de vos champs. Les instruments aratoires fonctionnent mal dans des terres couvertes de grosses pierres et les prairies artificielles s'y fauchent avec difficulté.

GESTION DU DOMAINE.

Les esprits paraissent généralement disposés aujourd'hui à placer l'industrie agricole au rang qui lui appartient à juste titre. Un Agriculteur ne réveille plus, comme autrefois, l'idée d'un rustre et d'un ignorant Son importance et son utilité sont reconnues. Des hommes marquants de toutes les classes de la société ont pensé que ce serait rendre un service au pays que de propager le goût d'un art d'où découlent toutes les sources de la prospérité publique, et y ont consacré leur temps et leur savoir. Le gouvernement favorise ce noble élan en distribuant sous toutes les formes des encouragements qui témoignent de son estime pour la classe nombreuse qui voue son existence à cette utile profession. Ne craignez pas de la voir retomber désormais dans l'abjection et le mépris.

Convenons aussi que jusqu'à ce jour d'heureuse révolution, la culture n'a pour ainsi dire été chez nous qu'une occupation mécanique et semblait ne devoir être pratiquée que par les hommes que leur fortune destinait aux pénibles travaux du corps. Qu'avaient en effet à faire l'imagination et la science dans un système où tout est aussi invariablement réglé que le cours des saisons? Aujourd'hui que les vices de ce mode routinier sont reconnus, l'agriculture apparaît à tous avec les charmes et les attraits de la profession la plus indépendante et la plus honorable. C'est une carrière que ne dédaignent pas d'embrasser les fils de magistrats, de hauts fonctionnaires et de riches propriétaires, voués jadis, pour la plupart, à une oisiveté dangereuse. Vous allez donc, mes chers enfants, vous trouver en contact avec les hommes les plus éclairés de la contrée, puisque vous êtes appelés à faire partie du comice de notre canton, dès que vous aurez atteint l'âge prescrit pour en être membres. Là, vous apprendrez, mieux que je ne peux vous le dire, en quoi consiste les devoirs d'un bon Agriculteur. Vous me voyez journellement m'efforcer de les remplir avec exactitude, et je croirais manquer à celui que m'impose ma qualité de père si je négilgeais de vous inspirer le goût d'un état auquel vous devrez probablement le bonheur de votre vie.

L'agriculture ne diffère point des autres industries sous le rapport des avances considerables qu'elle exige, du bon emploi du temps et de la valeur du travail.

Ainsi, lorsque vous entreprendrez la gestion d'un domaine, quelle que soit son étendue, vous aurez la précaution de monter complétement votre train, c'est-à-dire qu'il ne manquera rien à votre mobilier et que vos écuries seront garnies de la quantité de bestiaux nécessaire pour effectuer facilement vos travaux et entrer de suite en cours de commerce. Vous aurez aussi des fonds en réserve pour faire face aux dépenses de la culture, dépenses indispensables et sans lesquelles vous ne feriez rien de bon et justifieriez le proverbe *pauvre Agriculteur, pauvre Agriculture*.

Cette première condition remplie, vous aurez fait un pas difficile ; mais tout périclitera chez vous si vous ne remplissez exactement les suivantes. Je vous les énumérerai rapidement.

A la connaissance des différentes qualités de terres de votre domaine, vous joindrez celle des diverses espèces de bestiaux, et ce sera toujours vous personnellement qui ferez toutes les ventes et achats quelconques, à moins que vous ne puissiez vous faire sûrement remplacer.

Vous vous armerez de patience, de résignation et de persévérance pour résister avec courage aux contrariétés de tout genre, aux accidents imprévus et aux obstacles nombreux que vous rencontrerez infailliblement.

Vous réglerez vous-même vos assolements ainsi que le travail journalier que vous ferez faire en temps opportun, car la réussite des récoltes dépend essentiellement de cette circonstance.

Actifs et vigilants, votre surveillance s'exercera sur tous les points où vos intérêts pourraient être compromis, ce qui vous mettra dans l'obligation d'assister au pansement de vos bestiaux et de suivre vos ouvriers aux champs pour les mettre en besogne et faire exécuter le travail selon vos vues.

Vous commanderez toujours vos gens avec douceur, bonté et décision ; c'est le moyen qu'ils vous aiment, croient à votre savoir et prennent vos intérêts à cœur. Votre conduite sera régulière, exempte de reproches, et servira d'exemple à toute votre maison ; c'est dire que vous serez pieux, bons époux, bons pères et bons maîtres.

Comme vous connaissez le prix du temps, et que de son emploi dépend souvent la réussite d'une culture, d'une récolte etc, vous ne souffrirez pas qu'il se perde en occupations futiles, non plus qu'en chaumage de fêtes supprimées, ce qui au bout de l'an vous causerait un préjudice notable, sans profiter à qui que ce soit.

Autant que faire se pourra, vous détournerez vos gens de leurs inclinations blâmables, et les dirigerez, par vos conseils et par vos exemples, dans le sentier de la morale et de la vertu.

Vous flétrirez l'ivrognerie par tous les moyens en votre pouvoir, et ferez en sorte que les jours consacrés par la religion à la prière et au repos, ne se passent pas au cabaret.

Vous observerez attentivement les divers phénomènes de votre culture et en prendrez note pour votre conduite ultérieure.

Vous porterez l'ordre et l'économie dans les plus petites choses, car la négligence et le défaut de soins occasionnent journellement des dépenses, en apparence insignifiantes, qui deviennent fort onéreuses par leur répétition. Ainsi, aucun de vos instruments, charrues, charrettes, etc., ne resteront inutilement exposés à l'action de la pluie et du soleil. Les hangards de la ferme les abriteront dès qu'ils auront cessé de servir. Vous éviterez de la sorte des réparations prématurées que votre incurie aurait seule rendues nécessaires.

Vainement espéreriez-vous donner aux opérations

de votre gestion la régularité qu'elles réclament, si vous ne teniez un compte exact de tous les faits qui y ont rapport. C'est ce que l'on appelle LA COMPTABILITÉ. Le négociant et le manufacturier ne peuvent s'en passer sans péril. Pourquoi l'Agriculteur qui est seulement un spéculateur d'un autre genre, se priverait-il des avantages qu'elle présente? Comme eux il a besoin de s'éclairer sur ses bénéfices et ses pertes. Comment saura-t-il que telle branche de son industrie ne lui offre pas de profits et qu'il doit l'abandonner ; s'il n'en écrit pas les dépenses et les produits? Vous tiendrez donc un journal sur lequel vous établirez, chaque soir, les recettes et les dépenses de la journée. Vous en extrairez ensuite, à votre loisir, les articles concernant chaque objet pour les porter sur le compte particulier de cet objet. Vous ouvrirez par conséquent un compte de bestiaux ; un d'ouvriers ; un de dépenses de la maison ; et enfin des comptes spéciaux de culture au moyen desquels vous arriverez, à la fin de l'année, parfaitement renseigné sur les avantages et les désavantages de chacune de vos opérations, et aussi éclairé que possible sur les suppressions, modifications ou extensions que vous aurez à leur faire subir.

N'espérez pas trouver dans votre mémoire, quelque étendue qu'elle soit, les moyens de régler l'assolement de vos diverses pièces de terre. Vous dresserez donc aussi un tableau synoptique (*qui s'offre d'un même coup d'œil*) contenant dans la première colonne le nom de chacun de vos champs, et dans les colonnes suivantes, dont les têtes indiqueront les années, la désignation de la culture annuelle de ces champs. Ainsi, sans aucun travail de tête, vous procéderez facilement à l'opération la plus essentielle de votre administration, puisque c'est d'elle que dépendent le nettoiement et la fertilité du sol, et par suite l'abondance des produits.

Comment, allez-vous dire, suffire à des opérations si diverses et si multipliées, augmentées encore d'écritures si nombreuses? Que cela ne vous effraie. Vous aurez temps pour tout. Vous ferez au surplus comme je fais. Je ne suis pas sorcier, et cependant il me reste assez de loisirs pour faire avec vous de longues promenades dans nos champs, et pour visiter, les dimanches, après avoir rempli nos devoirs de chrétiens, les parents et les amis que nous avons dans le voisinage.

Remerciez Dieu, mes chers Enfants, de vous avoir destinés à un état qui va vous faire couler une vie si pleine et si utile; où, chaque jour, vous aurez à admirer la grandeur de ses œuvres et à lui rendre grâce de son inépuisable bonté. Persuadez-vous bien que c'est dans cet état surtout que l'homme peut goûter de véritables jouissances, parce qu'il y trouve le contentement de soi-même, la paix de l'âme, l'indépendance et la liberté. Vous l'exercerez, j'espère, avec zèle, intelligence et probité, et me donnerez, avant de mourir, la satisfaction de vous voir recueillir le fruit de mes leçons et de vos travaux.

TABLE

DES

MATIÈRES.

PREMIÈRE PARTIE.

De la culture du sol et de la multiplication des végétaux.

CULTURE DES PLANTES FOURRAGÈRES.

DEUXIÈME PARTIE.

De l'élève et de l'entretien des animaux utiles.

TROISIÈME PARTIE.

Des systèmes de culture et de la gestion du domaine.

DE L'ASSOLEMENT.

www.ingramcontent.com/pod-product-compliance
Ingram Content Group UK Ltd.
Pitfield, Milton Keynes, MK11 3LW, UK
UKHW021119260726
13994UKWH00002B/941